冰淇淋風味學

GELATO & SORBET

2005　農業成就騎士勳章 Chevalier du Mérite Agricole 2005
2003　冰淇淋世界冠軍 Champion du Monde Glacier 2003
2000　法國最佳工藝師 冰淇淋 M.O.F Meilleur Ouvrier de France Glacier 2000

我很高興也很榮幸為 Willson 的冰淇淋著作寫推薦文，這種時刻總是令人感動，這是一次新的探索，也開啟了使冰淇淋歷史更加完整的大門。

我相信這本書肯定會獲得各位讀者青睞，也有信心吾友謙璿的專業能為各位拓開新的創意視野。我們身為冰淇淋藝術的職人，本書是我們對此專業熱情的見證，它能將作者的心得傳承給讀者，激勵讀者對冰淇淋的熱情，延續此一專業的知識。

恭喜我的摯友，謝謝你為我們美好的專業所做的付出

J'ai la joie et le plaisir de préfacer le livre sur la glace de Willson Chen, c'est toujours un moment sensible, une nouvelle découverte, une ouverture qui complète le Monde de la glace inventé en Chine ancienne à l'ouest du pays, le sorbet fût inventé en Grèce et l'italie imposa ses découvertes à la cour de France seulement en 1533 avec l'arrivée de Catherine de Médicis à la cours royale.

Je veut croire que vous accorderez une écoute toute particulière à ce nouveau livre et suis confiant que sa lecture ouvrira encore de nouvelles perspectives créatives grâce au professionnalisme de mon ami Chen.

Il est, nous sommes les artisans de notre art, ce livre le témoin d'une passion, le résultat de sa lecture un témoin que l'on passe au suivant qui se passionnera et deviendra le relais du savoir.

**Bravo mon fidèle ami et merci
pour notre belle profession.**

Luc Debove

2021   法國國立甜點學院 ENSP 校長 École Nationale Supérieure de Pâtisserie
       (ENSP) Directeur
2011   法國最佳工藝師 冰淇淋 M.O.F Meilleur Ouvrier de France Glacier 2011
2010   冰淇淋世界冠軍 World Championship Ice Cream 2010

人類吃冰淇淋的軌跡可以上溯至古埃及。從那時起，吃冰淇淋就成了真正的享受。如此愉悅的時刻可以是和家人一同分享，或是一人獨享。Willson 製作的冰淇淋品質卓越，眾所皆知。在本書裡，您可以看見如何以簡單方法製作出非常棒的冰淇淋。我要給親愛的朋友 Willson 大大的感謝，謝謝你透過本書，將我們對冰淇淋的熱情分享給讀者。

祝福你

Traces of ice cream consumption can be found in the time of the Egyptians. Since then, ice cream has become a real moment of pleasure. A moment that is shared with the family or alone for the sake of pleasure. The excellence of Mister Willson Chen's ice creams is well known. In this book you will find the elements to make very good ice cream in a simple way. A very big thank you my dear Willson for sharing our passion that is ice cream through this book.

Best regards.

能向讀者介紹吾友 Willson 的書，我感到既榮幸又欣喜。我從一開始就對參與本書的創作充滿熱情。我曾經因為工作原因和朋友 Hsing-Wei Chen 造訪台灣兩次；剛到的那天晚上，他迫不及待地帶我去看 Willson 的知名冰淇淋店 Double V。我品嚐了幾款冰淇淋和雪酪，如今仍然記得那個無與倫比的時刻。平衡、風味醇厚、充滿原味，嚐得出來的精準拿捏，是我對 Willson 多年來的創作所下的定義。恭喜你在冰淇淋界的出色表現。

祝各位展讀愉快

Quel Honneur et quel plaisir de présenter le livre de mon ami Willson. J'ai tout de suite été très enthousiaste à l'idée de participer à ce projet de création de livre.J'ai eu la chance de venir 2 fois à Taiwan en voyage professionnel avec mon ami Hsing-Wei-Chen et la première chose qu'il a souhaitait me montrer le soir de mon arrivé c'était le Studio Double V la célèbre Glacerie de Willson. J'ai gouté quelques glaces et sorbet et je me souviens encore de ce moment d'exception. Equilibre, Savoureux et régressif tout ce que j'ai pu gouter était d'une précision infinie c'est comme ça que je définirais le travail depuis de nombreuse années de Willson. Félicitation pour ton joli travail autour de la glace.

Bonne lecture.

吳則霖 Berg Wu

Simple Kaffa 共同創辦人
2019/2020 世界最佳咖啡館
2016　世界咖啡師大賽冠軍 World Barista Championship (WBC)
2016　台灣咖啡調酒大賽冠軍
2013-2015 台灣咖啡師大賽冠軍

數年前在野臺繫餐會中認識 Willson，對他所展現出的冰淇淋工藝深感折服，並因此展開了後續數次的合作案。在合作過程中發現，冰淇淋與咖啡多有共通之處，而 Willson 與我也屬同一類人。

我們的作品皆為自身感性所延伸出的藝術，但背後卻是以理性、扎實的科學所堆疊完成。唯有這樣，才能在每個時刻都確保作品的穩定，並且持續地精進。製作冰淇淋看似簡單、其實並不簡單，但透過 Willson 的著作，能夠以清楚有邏輯的方式，帶領讀者們踏入冰淇淋的幸福領域，輕鬆地開始自製冰淇淋。

陳星緯 Hsing Wei Chen

全統主廚經營者
2019　Pâtisserie Tourbillon by Yann Brys (M.O.F) 副主廚
2018　巴黎東方文華酒店甜點房領班
2016　法國圖爾巧克力大師賽冠軍
2015　法國 Romorantin 甜點比賽冠軍

我與 Willson 已是相識十多年的好友，很開心有這個機會為他的新書寫推薦序，我們
也一起合辦過多場義式冰淇淋結合法式甜點的講習會，看著他一步步努力地推廣義式
冰淇淋，希望能讓更多人認識義式冰淇淋的態度與精神，並融合許多經驗與獨到的想
法，不斷創造出許多讓大家驚奇喜愛的口味，他對義式冰淇淋的執著以及鑽研多年的
心得經驗，都濃縮在這本新書裡面，絕對是一本不可錯過的好書，大家跟著 Willson
一起來探索義式冰淇淋的奇妙世界吧！

chen-hsing-wei
2022.01.22.

王嘉平 Jai Ping

Solo Pasta 餐廳主廚
Barilla 評鑑義大利境外「義大利料理大使」，唯一入列的台灣人；
曾在義大利 15 省份的 16 家餐廳實習

如果你還堅信，從夜市買了杯木瓜牛奶，放在家裡的冰箱裡，就可以做出好吃的冰淇淋，你大可以放下這本書，轉身離去。畢竟讓世界人們著迷的冰淇淋，是個固體與液體之間存在著的一個夢境般質地（是說用手抓不著，只能用唇舌來迎向它）。製作冰淇淋等同於「烹調」的是：創作者將生鮮食材，經過調配再加上熱能的轉換，換成享用者的喜悅與讚賞。但是，不同於「烹調」的是：製作冰淇淋必須經過精準的計算！「撐起浪漫柔軟的冰淇淋，卻是冰冷而生硬的知識結構！」

在我看到的料理界，我們最不缺的就是情懷、小故事和創作理念。很遺憾的是，各位在 Willson 的這本「教科書」裡，你將看不到這些溫情！書裡有的只是再專業不過的冰淇淋操作原理和概念，與紮紮實實的精準配方。如果萊特兄弟沒有依賴著展弦比與斯密頓係數，他們也只會是個在沙丘上等著風吹起，然後栽下的傻瓜們。我必須恭喜買這本書的人，Willson 累積多年的專業紮實理論，將帶著你對冰淇淋的浪漫幻想飛上天際！

陳謙璿 Willson Chen

Studio du Double V 創辦人
Deux Doux Crèmerie Pâtisserie & Café 主廚

法國 Les Verger Boiron 台灣品牌大使
FHA 新加坡 Bravo Spa. Gelato 示範師
兩岸烘焙人協會冰淇淋技術委員
國內多家知名大廠冰淇淋 & 西點技術指導
科麥食品公司西點 / 冰淇淋示範技師
Puratos Belgium 示範技師
Le Pré Catelan 3 Michelin Stars stage
法國雷諾特 L'Ecole Lenôtre 畢業

2015　Marco Polo Intel. Gelato Cup 世界盃亞軍
2014　台灣冰淇淋達人創意大賽冠軍
Gateaux macaron 馬卡龍最佳創意

＊ MOF 法國最佳工藝師，由政府頒發，是一種對該領域技藝認證的最高榮譽。

高職、大學時期我念的都是電機，就這樣懵懵懂懂過了 7 年，順利畢業後，在竹科短暫進入工程師生活後，才發現跟自己的志趣好像大不相同。在當時的兼職工作中，接觸到蛋糕裝飾的奶油擠花，第一次感受到有別以往的創造樂趣，能夠自我創作的自由，使我對甜點產生了很大的興趣，而後便毅然決然地離開電機產業，直接應徵傳統蛋糕店，從學徒做起。因為不是本科系的學生，所以更加努力，在廚房練到半夜，睡在沙發上是常常有的事。

過去的電機專業養成，講求的是嚴謹的製程與規格化，你說沒幫助嗎？一定有，在進入甜點世界後，無論製作或是配方設定，都要求自己更確實地了解每一個環節，用科學的方式去理解，雖然辛苦，卻也讓自己進步很快。再加上有電機基礎，能更快地熟悉設備、了解操作原理，相對花了較少的學費在摸透機器這方面。

在去法國學習之前，我大概只學了一個多月的法文，再加上原本英文程度很差，第一次到法國時整整在機場繞了一個多小時，現在想想，還真需要莫大的勇氣。語言不通的狀況下，真的很痛苦，每天都有巨大的無助感，甚至在語言學校還被留級了一學期，相當挫折，又待了一學期後，才稍微能夠用法語溝通。那時候根本沒特別想過要選哪一間學校，在台灣有關法國廚藝學校的資訊相當稀缺，自己的第一台智慧手機還是在法國買的。後來尋求當地的法國人推薦，認識了幾間知名的甜點學校，包含 Ferrandi、École Ducasse、École Lenôtre、Paul Bocuse、ENSP、Le Cordon Bleu，實際走訪後，最後選擇了 École Lenôtre，當時這所學校同時有 6 位 MOF 授課，陣容相當驚人，但困難的是，學校在郊區，而且只有純法語授課，其實非常吃力。

在法國求學時，吃遍了甜點店、麵包店、餐廳和冰淇淋店，每次享用時總會思索這些食物背後主廚想傳達的理念，最後發現，只有冰淇淋是單純又直接的；吃冰時總是能非常愉悅的選擇自己所愛，既沒有華麗裝飾，也沒有奇特外型，就是這麼樸實，可以放空、默默的把冰吃完，完全不用過份地去思考，一種直球對決的味道！回想起來，原來這才是最初的感動。

然而在國人眼裡，冰淇淋師傅一直不算是一個正式職業，你可以想像甜點師傅、麵包師傅、中餐廚師、西餐廚師，但從來不會有一個選項是冰淇淋師傅。回台之後依然從事西點工作，因緣際會下，開始了冰淇淋的推廣教育，才發現冰淇淋在台灣的資訊是如此缺乏，唯一學習的途徑就是來自國外的訊息，必須投入更多心力整理歸納，在那之後，我幾乎放棄了西點相關的進修學習，而對冰淇淋投入前所未有的努力。

我們的生活中，在超市、餐廳、咖啡店……都有各式各樣的冰品種類，然而仔細想想，其實我們對冰的認識一直很少。冰到底是什麼？怎麼做出來的？味道質地有哪些差異？冰品很單純，使用素材少，放什麼就能吃到什麼，相對的風味也越真實。而在單純的背後，實則有更多關於冰品的原理，值得更進一步去認識它。

法國的烘焙體系裡包含四大類，西點、麵包、巧克力、冰淇淋，各是一門獨立的專業技術，而我覺得冰淇淋充滿魅力，平凡無奇的外表下，蘊含著能一口征服人心的力量，讓我一頭栽入其中，不斷的思考，不斷的練習，當更深入了解食材，越能製作出自己所想的風味。

我想透過此書傳達冰的樂趣給大家，並提起大家的興趣，不管是冰淇淋之路剛起步，或已有一定基礎，都能在書中找到有趣的資訊，或許在開始製作後的每一個階段上，都能有所啟發，無論是風味上的調整，或其他特殊的靈光一現。此書彙整了我多年的經驗與心得，最希望提供的是製作冰淇淋的方向，而不只是照著配方走；當瞭解冰的結構概念後，先思考想要呈現什麼風味，什麼樣的味覺體驗，進而試著設計出自己的配方。冰淇淋是面鏡子，將誠實反映出對食材的認識。別人沒做過的事，更要勇敢試試看。

在此特別感謝一直以來不吝給予我鼓勵的朋友，以及協助校稿的夥伴們，一本書的完成真的很不容易；特別感謝果多設計總監、攝影師干智安及總編輯許貝羚，有你們才讓這本書如此完美。更要謝謝 Double V 和 Deux Doux 的夥伴們，在我如此忙碌的時刻都能謹守崗位讓我不用分心，多謝你們的傾力相助，讓此書能夠順利完成。

而遠在法國的 MOF 們，以及每一位熱情支持的大師朋友們，在我跟他們提起書即將出版時，都義不容辭地為我寫了推薦序，真的非常感動，讓我信心大增。相信我，你們一定能從此書獲得很多知識。一起來遨遊在冰淇淋中吧！

Double V

留法學習精緻甜點的主廚暨創辦人 Willson，將 W 在法文的發音等同雙 V 採用為店名，
Double V 取其字意為二個 V，一個 V 是勝利，兩個 V 則是顧客跟店家皆共享的雙贏！
Willson 決定以其在法國所學的創意及技巧以冰淇淋呈現，打造個人形象鮮明的店舖。
自 2016 年開業至今，已累積超過 500 種配方，除了依季節推出販售品項，更有特選
主題推出的變化，例如咖啡、調酒……等，展現出冰品世界的細緻與寬廣，即使是經
典的香草，冬夏配方也各有不同，冬天醇厚，夏天清爽。甜點，可以華麗堆疊，但其
貌不揚的冰，要的是「致命的一擊，在這直率裡又展現出體貼入微的細膩。」

Deux Doux Crèmerie, Pâtisserie & Café

首間店 Double V 總是讓人充滿驚喜期待，Deux Doux 則 在 2020 年以甜點視角打造，
使甜點冰淇淋化、冰淇淋甜點化的樣貌，相互加乘後更立體。融合食材口味與層次，
讓冰淇淋穿針引線，從視覺到味覺，感受完整的冰點品嚐體驗。Parfait 帕菲，與季節
同食，優選四時果物，層次口感堆疊，各有獨特氣韻；Dessert 冰甜點，則將經典重塑，
以冰詮釋世界甜點或飲品，是拆解或重組不容定義，探索冰與食材能塑造的各種質感
組合。

把不同的原物料混合為冰淇淋液，從液體狀態經過殺菌後，同步進行冷卻及攪拌，最後變成一個半冷凍的固體，就是冰淇淋了。經由「攪凍」過程，會將原物料混合液中的水分結成冰晶體，而「快速攪拌」則會把空氣打進混合材料內，形成半冷凍、半固態的形式。

冰淇淋液是由水品、蛋、蔗糖、葡萄糖、香料、安定劑、穩定劑……等材料混合製成，主要成分包含固體和液體兩大類。 液體：最主要的就是水分，如牛奶、水果裡面都含有很多的水分。 固體：蔗糖、葡萄糖、香料、安定劑、穩定劑，這些都算是固體，當然奶油、牛奶中的脂肪，也歸類為固體。

冰淇淋是一個結構複雜的物理系統：
在還是液體的情況下，結構包含→液體＋氣體＋固體；
但是經過冰淇淋機製作成冰淇淋後，結構變成→冰晶＋氣泡＋固體。
水是唯一能結成冰晶的材料，在變成冰之後，體積也會變大。

冰淇淋最難的不是製作過程，而是一開始配方的設定。
冰淇淋完成後，最後需要存放在冷凍冰箱（-12℃ ~ -15℃）硬化穩定組織，但要讓冰淇淋依然保持柔軟、方便挖取，冰箱只能設定一個溫度；不過冰淇淋的口味有好幾百種，不同的配方比例，其中的脂肪、甜度、固形物、抗凍力性等也不同，因此在設計配方時必須更加考究，才能讓不同的冰淇淋配方，存放在同一個溫度下都能保有良好的狀態。正因如此，冰淇淋製作對於配方比例的調製技術要求相當高，如果不夠瞭解食材特性，製程上便可能發生容易融化、口感粗糙、冰晶產生，或是冰品太硬不好挖取等各種問題。

法國在 1978 年 3 月 30 日，正式將冰淇淋獨立為一個專業領域，將烘焙分為四大類：西點、麵包、巧克力、冰淇淋。從此，冰淇淋的世界不斷增長，並在烘焙、冷凍產品中逐漸佔有一席之地。

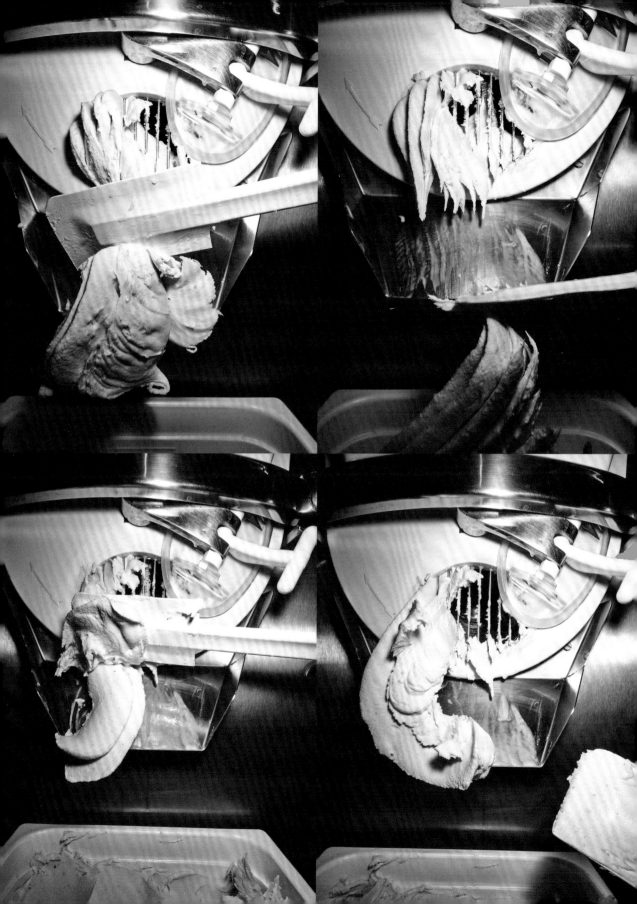

冰淇淋的歷史

冰淇淋的緣起眾說紛紜，從東、西方的資料記載中，都能隱約看到「冰」或是「冰淇淋」
的歷史演進，至今仍無法肯定究竟是何時出現，但大致可歸納出幾種說法。以下為我
整理查閱後簡要的分享，雖然無法絕對的就此定義冰的起源，但可從中略見端倪。

東方	**周朝** 《周禮》記載，當時有一個機關叫「冰政」，製冰的職人稱為「凌人」。冬季鑿冰儲藏，用新鮮稻草跟蘆席鋪墊在地窖中，把冰放到上面之後，再覆蓋稻糠、樹葉等作為隔溫材料，然後密封窖口，以此方法儲存冰塊。

唐朝末期
硝石為製造火藥的材料之一，當時人們在使用硝石的過程中發現，原來當硝石溶於水
時會吸收大量的熱能，可讓水因此降溫至結冰的程度，於是便開始利用這個原理來製
冰。方法是將一罐要製冰的水，放進另一個更大的裝滿水的容器中，並不斷地在容器
裡加入硝石，藉由外層水的降溫，使罐內的水也能慢慢地結成冰。

宋朝
《宋史》中也記載，宋孝宗說：「朕前飲冰水過多，忽暴下，幸即平復。」可見當時
即有飲用冰品的習慣；從其他文字史料也可發現，在這個時期宋朝人已經將冰品當作
一種飲食。南宋詩人楊萬里亦留下一首描述冰品的作品：「似膩還成爽，如凝又似飄。
玉米盤底碎，雪向日冰消。」——《詠酥》。詩中所描述可能就是早期的冰，不過與
我們今日所談的，加了乳製品或是打入空氣的冰淇淋，還是有很大的距離。

西方　　**西元前 430 年**
希臘人和羅馬人用蜂蜜和果汁製作成清涼飲料。

西元前 100–44 年
傳說中羅馬的英雄尤利烏斯‧凱撒 Gaius Iulius Caesar 派年輕人跑上山取冰跟雪，
與牛乳、蜜酒等混合攪拌後喝下。

西元一世紀
羅馬皇帝尼祿‧克勞狄烏斯 Nero Claudius 指使奴隸從阿爾卑斯山將萬年雪運下山，
與玫瑰花液及紫羅蘭花液、果汁、蜂蜜、樹液等一起攪碎，做成一種飲品「Dolce
Vita」（義大利文中，這個字代表「美好的生活」），置於冰庫，等待宴會場合時取
出享用，被稱為「尼祿的禮物」。

西元 1292 年
馬可波羅至中國看見水冰的製作，以及保存冰的方法，於是將這個發現帶回威尼斯，
並寫入馬可波羅遊記，但裡面並沒有寫到關於冰凍乳製品的文字。

至此，由這些歷史紀錄中得到的資訊，大多是保存冰或者製冰，並不能說是冰淇淋，我們只能判定前人所飲用、食用的冰品，可能類似剉冰、冰沙，尚無法稱之為冰淇淋，是否看作冰淇淋的起源，則見仁見智了。

西元 1533 年
凱薩琳‧德‧麥地奇 Catherine de Médicis 與亨利二世 Henry II 結婚，她的廚師團隊將雪泥與冰品食譜帶進法國，當義大利的冰品傳入法國後，很快地就被法國廚師們轉化與改良。

西元 1564–1642 年
伽利略‧伽利萊 Galileo Galilei 為我們現在認知的冰淇淋做出了一大重要發現——吸熱反應 Endothermic Process，他發現將鹽和冰混合後，溫度會降低。根據測量，以 1 鹽：3 冰的方式混合，溫度可以降到攝氏零下二十一度左右。

西元 1686 年
一直以來以貴族為中心，僅供上流階層才能食用的冰涼點心，在普羅可布咖啡館 Café Procope 開幕後，漸漸開始普。它位於巴黎第六區的老喜劇院街，被稱為巴黎最古老（1686 年開業至今）的咖啡館，由義大利西西里人 Francesco Procopio dei Coltelli 開設，供應五花八門的冰品。這間咖啡館也是當時知識分子常聚在一起談天思辨的地方，班傑明‧富蘭克林 Benjamin Franklin、伏爾泰 Voltaire、雨果 Victor Hugo、拿破崙 Napoleon 都曾到訪。據說第一個冰糕配方就是在這裡誕生。

西元 1978 年
法國在 1978 年 3 月 30 日，制定了 CAP（Certificat d'Aptitudes Professionnelles，職業能力證書）廚師考試。有了正式的認證機制，甜點師、包括冰淇淋師也正式成為一種職業。

西元 1984 年
美國前總統羅納德‧威爾遜‧里根 Ronald Willson Reagan，於 1984 年宣布七月的第三個週日為美國的「國家冰淇淋日」，整個七月都為「國家冰淇淋月」。這個節日也被稱作是「最沒有人反對的節日」之一。1851 年，美國創立了第一間冰淇淋工廠。

認識義式冰淇淋 — Gelato

從物理角度來看，義式冰淇淋「Gelato」是一個三種狀態共存的產品，
其中包括液體（Liquids）、氣體（Air）、固體（Solids）。

液體 Liquids

固體 Solids

氣體 Air

水

水分是固體原料的溶劑，也是一個在溫度零度時，能轉換成冰的成分。當水凝固成為冰時，體積會跟著膨脹，此時若水分和固體的結構比例不正常，則會讓冰晶顆粒感變大，冰淇淋品嚐起來就有粉感；此外，也會因為各地區的水質，或者使用礦泉水、軟水、硬水……都會造成不同程度的影響。

冰淇淋的大部分成分即為水，因此水的狀態，自然會很大程度地影響冰淇淋的風味與品質。建議選用無色、無味、乾淨的水，容易取得的水是最為適合的；若使用價格高昂的礦泉水或是特殊水質的水，會讓冰產生特殊風味，相對的成本也會增高許多。

冰淇淋中最基本的素材──牛奶
牛奶成分中同時包含了水分與固體（脂肪、無脂固形物），是一種略帶甜味的白色液體，氣味並不強烈，所以配方中常會再添加奶粉來增加乳香。若要製作牛奶冰淇淋，使用全脂牛奶最適合（脂肪含量 3.5%），也有些冰淇淋製作者會選用低脂牛奶（脂肪含量 1% 或 2%）、脫脂牛奶或是豆奶。

牛奶可使冰淇淋結構滑順，也會減緩冰淇淋的融化速度，增加蛋白質及其他養分。一般狀況下，多半會使用全脂牛奶，因為脂肪對於冰淇淋而言也是很重要的成分；如果使用的是脫脂牛奶，那麼冰淇淋將會呈現稍微冰涼的口感，較粗糙的質地。

牛奶的成分　　　　　　　　　　　　　　　　　　　　　　　　單位 %

水	脂肪	乳糖	酪蛋白及乳清蛋白	礦物質	維生素
87.5	3.6	4.6	3.45	0.5	0.35

＊在牛奶中加入檸檬等酸性物質得特別小心，因為其中的酪蛋白成分對酸很敏感，容易造成產品分離的現象。

空氣

空氣也是很重要的一環！當冰淇淋凝結時，能包覆多少空氣，會影響產品的滑順感和結構。「打發率」即用來表示產品中包覆了多少的空氣量。空氣能增加柔滑度、口感更輕盈、使甜度降低，也可讓冰淇淋較為不冰；風味也會因為空氣含量而有所不同（空氣含量越高，味道越淡，畢竟空氣是沒有味道的），跟甜點中慕斯的蓬鬆質地是一樣的道理。舉例來說，咖啡上面的奶泡溫度很高，但是放入口中卻沒有那麼燙口，就是因為空氣做了一個很好的阻隔。另一個例子：雪和冰塊，哪一個比較冰？其實是冰塊較冰！因為雪裡面有空氣，如果真的品嚐就會發現兩者溫度的感受有很大落差。

製作冰淇淋時，很多食材都會影響空氣的打發率，比如脂肪、糖分、水分……，但大多數的冰淇淋機，轉速設定都是固定的，無法自行調整（速度越快，打發率越高），若依照正常的配方製作，義式冰淇淋的打發率應該在 30% 左右。

固體

冰淇淋中常見的固體成分有以下幾種：

糖──所有的糖類。如：蔗糖、葡萄糖、海藻糖……。
脂肪──動物性脂肪、植物性脂肪。如：鮮奶油、奶油、橄欖油、椰子油……。
無脂固形物──維生素、礦物質。如：脫脂奶粉、脫脂煉乳。
其他固形物──其他的固體乳化劑、安定劑。

冰淇淋材料中的水分會結凍，當配方加入固體以後，能使冰淇淋的凍結點降低。試著想像，將單純的水放置在冷凍庫中，會變成冰；但是將固體冰在冷凍，之後還是固體，並不會改變。所以我們會發現，如果將固體溶入水中，那麼水結冰的冰點溫度就會往下降，而不會只是 0 度，這就是大家比較不熟悉──零下的世界。然而冰淇淋是存放在零下的溫度，只要溫度有所不同，就會影響冰淇淋的軟硬度。

義式冰淇淋的固體組成

冰淇淋的本質很單純，加什麼材料，做出來就會是什麼，風味非常真實。
因此，首先要瞭解的是，義式冰淇淋的配方中，有哪幾種基本的固體材料。

→糖　　　　　　　　糖對於冰的重要性

冰淇淋裡絕大部分的固體成分都來自於糖，因此糖對於冰淇淋而言，影響非常大。我們已經知道在冰淇淋中的水會結凍，加了糖之後，則能使冰淇淋凍結點降低，增加柔軟性；而蔗糖則是冰淇淋中最常被使用的糖分種類。

人們總是喜好只用甜或不甜去判斷甜品、飲料，但是你們知道嗎？若少了甜，食物就失去了風味。

糖對冰的影響	甜度	風味強弱	凍結溫度	冰晶	光澤
糖多	甜	強	低	小	亮
糖少	不甜	弱	高	大	暗

糖之於冰淇淋，扮演著幾個極重要的角色。

甜度：　　　　　　為冰淇淋的液體成分帶來甜度，糖越多，當然甜度越高。

風味強弱：　　　　糖越多，風味就會越強烈，這點是非常重要的，如果一昧的減糖，將會讓冰淇淋失去風味。以「蒙布朗」為例，你能想像，如果其中栗子餡是不甜的，那吃起來會是什麼樣的感覺？──「甜味」是讓整體味道散發非常重要的元素。

凍結溫度：　　　　糖歸類在固體，固體越多，結冰的溫度就必須更低。除了影響凍結點，也會影響冰淇淋的黏度與打發率；糖越多，黏稠度就會較高，打發率也會因為糖分較多，空氣可以包覆得更多。

冰晶：　　　　　　糖度越高，液體的狀態就會變得較濃稠，不像單純的水那麼稀，所以相對的在製冰的時候，就會讓冰晶更小，減少粗糙冰晶的產生。

光澤：　　　　　　糖量越多，冰的表面越為光亮。

冰淇淋中的常用糖分

近幾年來,因為低糖的趨勢,開始採用許多不一樣的糖來製作冰品,調整合適的甜度,
也更增加了冰淇淋的多樣化。若於經濟、操作、儲存等方面來考量,目前還是普遍以
「蔗糖」為製作冰淇淋的最佳選擇。以下為現今常用的糖類,每一種都能為冰淇淋帶
來不同的效果。

砂糖	黃糖	海藻糖
右旋糖	葡萄糖	菊糖
葡萄糖漿	轉化糖	蜂蜜

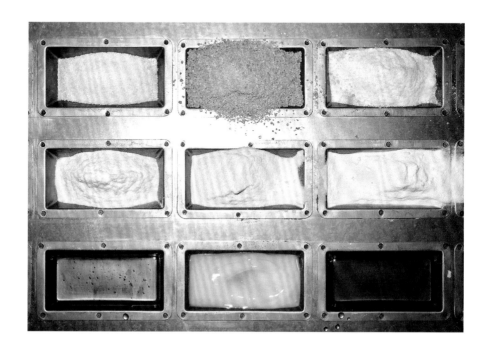

註 [1]　DE 值，是 Dextrose Equivalent 的縮寫，葡萄糖當量或葡萄糖值的意思，用以表示澱粉的轉化程度。在台灣購買葡萄糖產品時，常見的 DE 值大多在 40 左右，歐洲會有更多選擇。比如 DE40, DE60, DE80。

蔗糖 Sucrose

也稱作「砂糖」，由甘蔗或甜菜製成，原始狀態為黃褐色，經過不同的製程精製後，即為白砂糖。是冰淇淋最常用的糖類產品，除了容易取得，價格也相對便宜，在冰淇淋中會使用白砂糖或是黃糖。兩者最大的差別在於顏色和風味，黃糖會使冰淇淋的顏色偏黃色，風味也會較厚實；若用白砂糖，顏色乾淨外，風味也比較乾淨。

右旋糖 Dextrose

由玉米澱粉的酶水解衍生的單醣，白色粉末狀，甜度比蔗糖來得低。最大的優勢是擁有強大的抗凍力，但如果添加太多會使冰淇淋過於柔軟，產品太冰冷，沒有光澤。若以右旋糖取代蔗糖，通常建議最多 30%。常用於巧克力類、或是堅果類的冰淇淋中。（如果要跟葡萄糖分辨，右旋糖吃起來會多一點冰涼感，價錢也比葡萄糖來得低。）

葡萄糖 Glucose

由玉米澱粉所提煉，白色粉末狀，通常葡萄糖產品都會標示一個「DE 值 [1]」，代表右旋糖當量，常見的產品為 20-23DE、36-39DE、60-65DE，但在台灣能買到的選擇比較少。一般用於冰淇淋的葡萄糖約為 36-39DE，糖度較蔗糖低一半，但抗凍力也較弱，用量如果太多，冰淇淋會過於冰冷。通常添加的量為 5%–8%。

麥芽糊精 Maltodextrin

也稱水溶性糊精或酶法糊精，是 DE 值 5-20 的澱粉水解產物。大多由玉米製成。擁有較低的甜度，吸水力好，使產品穩定，也可以幫助冰淇淋打發，再來價格也較低廉，近代冰淇淋師傅常使用這樣產品；需注意若使用過多，會使冰淇淋變得黏稠不易化口。

海藻糖 Trehalose

性質穩定的天然糖類，早期的製作方法成本較高，而後日本林原（HAYASHIBARA）株式會社研發出利用玉米澱粉生產海藻糖[2]的技術，工業化量產後大大降低了成本。海藻糖保濕性強，甜度相當於蔗糖的 45％，更可以防止澱粉老化、產品不易褐變。配方中的砂糖「部分」用海藻糖取代，可以降低甜度；但若完全用海藻糖取代，不僅沒有必要，還可能帶來負面效果（比方價格高昂，還有鬆散的冰淇淋結構）。以冰淇淋來說，建議替代份量為蔗糖的 3%–6% 左右。

轉化糖漿 Invert Sugar Syrup

是一種由葡萄糖和果糖合成的混合物，甜度較蔗糖高一些，但抗凍力卻是蔗糖的將近 2 倍，因此常用於巧克力和堅果的冰淇淋中，使冰淇淋更加柔軟，而強大的保濕能力也讓它常使用於其他烘焙產品中，增加柔軟性和可塑性。建議使用量約為 2%–5%。

菊糖 Inulin

也稱為菊苣纖維，是一種水溶性的膳食纖維。其糖度較低，吸水性強，能夠讓產品更加穩定，配方中可將部分脂肪或糖替代成菊糖，但不建議添加超過配方總重的 1.5%，可能會造成腹瀉。

果糖 Fructose

幾乎所有的水果都會有果糖，極易溶於水，相當方便使用，尤其是台灣的手搖飲料店。抗凍效果相近於右旋糖，但是較少用於冰淇淋配方中，因為甜度較高；甜度約蔗糖的 1.73 倍。

註[2]　一般的西點配方，用海藻糖替換砂糖，大約抓砂糖的 5%-20%，是比較不會出錯的安全值（但因為產品不同，替換的數量也有很大的差異）。

註[3]　蜂蜜是天然的轉化糖漿，轉化糖漿就像是人造的蜂蜜。如果沒有轉化糖漿，就可用蜂蜜去替換；不過蜂蜜有其獨特的香氣，可能會影響冰淇淋的風味，在設計配方時記得一起評估是否合適。

→脂肪

脂肪（Gelato 中建議範圍 4%–12%）

脂肪為冰淇淋裡重要的物質，通常來自於乳製品（奶油、動物性鮮奶油等）（乳製品中含有水分、脂肪與無脂固形物），而植物油則是另一個脂肪來源。

在冰淇淋攪拌的過程中，因脂肪顆粒具有聚集於氣泡表面之現象，能增加冰淇淋中特殊的乳香味，增加入口的滑順感；油脂也能使風味更厚實，量多口感風味會厚重濃郁，少則口感顯得單薄。乳脂中並含有少量的磷脂質 Phosopholipid，其中以卵磷脂 Lecithin（是天然乳化劑，幫助油水不分離）最為重要，能使冰淇淋更加細緻。

油脂種類	熔點	使用於冰淇淋的效果
植物油脂	約為 3℃ 以上	較為滑順，過多則油膩
動物油脂	約為 33℃ ~ 55℃	較為厚實，有口感
氫化植物油	約為 57℃ ~ 61℃	成本較低，較為膩口

選用時可留意不同油脂的熔點，因為各自熔點的溫度不一樣，
會影響冰淇淋成品的化口度。

無脂固形物（Gelato 中建議範圍 8%–13%）

由奶製品中的蛋白質、乳糖、礦物質、維生素組成。脫脂奶粉也算是無脂固形物，其中的蛋白質將使冰淇淋更加綿密，穩定組織結構。配方中若無脂固形物太少，會使冰淇淋太冰；太多則讓冰淇淋結構有砂狀質地。

冰淇淋中的固體除了糖、脂肪外，配方中還會添加的膠體（穩定劑、乳化劑）、纖維……等，即為其他固形物。接下來要介紹膠體在冰淇淋裡，扮演著什麼樣的角色。

→其他固形物

膠體

膠體常是一個敏感話題，但這個敏感的感覺是因為大家不清楚膠體是什麼。以中文名稱來看，乳化劑、安定劑、增稠劑、黏稠劑……，這些名詞的刻板印象都讓人覺得害怕，其實它們都是膠體的一種，如果加以瞭解就會發現並不可怕，害怕往往來自於不了解。

對於現在的冰淇淋製作來說，膠體提供了產品更好的質量，能增加食物壽命、更好的品質，以及更不容易變質的狀態。不使用膠體的人，往往一昧地排斥與批評，但你會發現時代不斷地在進步，總是會有新的素材被開發或製造出來[1]，只要深入去瞭解這些材料的效用，就能更清楚的判斷是否使用，與如何正確使用。

穩定劑

穩定劑又稱黏著劑、糊料等，具高度的保水（吸水）性。冰淇淋中的水分其實並未完全凍結，所以很容易受到溫度影響，升溫冰就會融化，降溫即再度凍結，而穩定劑能夠吸收部分融化的水分，防止再次凍結時產生大塊的冰晶，能使冰淇淋的結構更密實，保持產品的一致性。少量使用對於風味並無影響。

乳化劑

簡單來說，乳化劑的作用即是將水和油均勻化。就物理特性而言，油、水就像是磁鐵的兩極，永遠會相斥，靜置了幾分鐘，它們還是再度分離成油和水。要讓油、水能結合，最容易的方法就是加入界面活性劑，而油和水混合的過程為乳化，所以即稱作乳化劑。

有一種乳化劑是每天最常看見的，那就是肥皂。此外，乳化劑在自然界也相當普遍，例如「蛋」，蛋黃成分中含有「卵磷脂」，是一種天然的乳化劑，能幫助水和油脂結合。

註[1]　食藥署（FDA）食品添加物使用範圍及限量暨規格標準（2021年修正發布）

將以下分為第（十二）類黏稠劑：海藻酸鈉、羧甲基纖維素鈉、鹿角菜膠、玉米糖膠、結蘭膠、海藻酸

將以下分為第（十六）類乳化劑：果膠、關華豆膠、刺槐豆膠

★　每一年規定都會稍微做修改，或是有新增的食品添加物，使用前務必上衛生福利部食品藥物管理署網站查詢

在義式冰淇淋的成分中，一般約含有 65% 的水，4%-12% 的脂肪，還包括了糖，為了避免各式不同的材料產生分離、沈澱、塌陷、冰晶，所以會加入不同特性的膠體作為介質，讓冰淇淋中的各種材料能很好地結合，而更加穩定，使冰淇淋從製作後直到客人手裡，都保持一樣的狀態，質地不至於分離。

乳化劑有從動物脂肪製作的甘油酯，也有從大豆中萃取出來的卵磷脂。然而冰淇淋原本使用的材料中，就含有很多天然乳化劑，如：乳蛋白質、蜂蠟、卵磷脂，所以就算不使用額外的乳化劑，仍可做出良好的產品。但是這就關係到食物壽命的問題，天然的材料會隨時間快速衰敗，很有可能再度出現分離的情形，對我而言出現分離就是食物已變質了。

最具代表性的天然乳化劑——蛋黃

蛋黃中的卵磷脂是一種優良且天然的乳化劑，在經過加熱後所產生的凝結力，可使冰淇淋更加穩定。早期，並沒有動物性鮮奶油或是膠體，製造出來的冰品並不像現在如此細緻滑順，但是法國人發現，加入蛋黃能使冰淇淋更加紮實濃郁，最主要就是因為蛋黃裡有卵磷脂，可幫助冰淇淋的乳化、油水不分離，使風味更加厚重，是一種天然乳化劑。

然而現今，除非是想要表達一些特殊的風味，不然已經越來越少的師傅願意使用雞蛋製作，取而代之的是鮮奶油。其中有幾個因素考量：

＊價格較高，並且需要花時間將雞蛋中的蛋白、蛋黃分開取出；只使用蛋黃，又會多出蛋白的部分需要處理。（製作冰淇淋時通常不會添加蛋白，因蛋白裡 90% 的重量來自水分，其餘重量則是蛋白質、微量的礦物質、脂肪物質、維生素及葡萄糖。）
＊使用雞蛋製作，必須確實做好殺菌。若以人工加熱的方式殺菌，可能衍生出容易焦鍋的情況，導致整鍋冰淇淋液體報廢。
＊加入蛋黃之後，自然會影響冰淇淋的顏色，偏向鵝黃色。
＊使用蛋黃製作配方時，如果使用不當，也會使味道過於濃厚、不清爽。

冰淇淋中的常用膠體

動物性	植物性
吉利丁 Gelatin	海藻酸鈉 Sodium Alginate
	鹿角菜膠 Carrageenan
	關華豆膠 Guar Gum
	刺槐豆膠 Locust Bean Gum
	洋菜膠 Agar-Agar
	羧甲基纖維素 Carboxymethyl Cellulose
	阿拉伯膠 Gum Arabic

吉利丁　從動物骨頭或結締組織所提煉出來，大部分呈透明黃褐色，品質較好的吉利丁會經過去腥脫色，使用前需要讓它先吸收水分變軟後再操作。吉利丁為熔點很低的膠體，大約 35℃ 就會成為液態，4℃ 左右會慢慢凝結成固體，切勿將吉利丁煮滾，將會失去凝結力。而酸性食材也會減弱膠體的強度（PH4 以下都算是酸的），就必須加強吉利丁的濃度。再者添加的水果若含有消化酶（鳳梨、奇異果、木瓜等），也會使吉利丁失去效用（必須添加增量的吉利丁）。

海藻酸鈉　是一種天然多醣，通常運用於穩定或乳化，增加稠度，易溶於水；應避免直接加於水中，會很容易結塊，通常使用的時候，會先將它跟其他的粉類混合，再一起加入水中。

鹿角菜膠　又稱卡拉膠、角叉菜膠、愛爾蘭苔菜膠，從海洋紅藻提取之多糖的統稱。具有親水性、黏性、穩定性，30℃ 時為凝膠，40℃ ~ 75℃ 之間融化，食品工業廣泛使用鹿角菜膠作為增稠劑及穩定劑。

關華豆膠　植物性，黏稠度高，保濕性好並且相容度高，可和洋菜膠、果膠、鹿角菜膠等膠體一起使用。

刺槐豆膠　天然產物，乳白色粉末，無味，無臭。易溶於水，具有幫助乳化，穩定產品，增加黏稠性等作用。對冰淇淋來說，可以增加膨脹，減少冰晶的產生，讓口感軟而持久。關華豆膠與刺槐豆膠常一起添加在冰淇淋中，用來提升冰淇淋的外觀質地，並且減少冰淇淋的融化狀況。

* 大部分的膠體都是需要加熱的，建議在製作冰淇淋時，將膠體和其他粉類混合後一起加熱，讓它發揮最大功效。

* E 編號 / E number: 是歐盟對其認可的食品添加物所設之編號，可見標註於食物標籤上，不過依台灣法規，很多 E 編碼的食品添加劑是被禁止使用的，詳情請上食藥署網站查明。

洋菜膠　　植物性，由紅藻提練，市面上常見的有粉狀、條狀、塊狀等不同型態。一般用於布丁、果凍、茶凍等產品。必須煮滾使用，冷凍後會有出水情形，口感也較為硬脆。

羧甲基纖維素

黏稠度高，擁有優良的保水效果，為粉末狀物質，不管是熱水或冷水，都很容易溶解在水中。與水溶性膠體均能互混共溶。

阿拉伯膠　能降低液體的表面張力係數，使飲料得以包覆二氧化碳，可以延長風味並防止氧化，但是吃過多會造成脹氣。

卵磷脂　　它是兩親性的，既可以抓住水分也可以抓住油脂，通常來源於大豆、雞蛋，因此可能是植物性或動物性。可以降低水的表面張力，使油脂和水能更好地結合。

常見的膠體種類	來源	E 編碼	素葷	作用溫度
海藻酸鈉 Sodium Alginate	海藻	E401	素	35～55℃
海藻酸銨 Ammoniumalginate	海藻	E403	素	35～55℃
洋菜膠 Agar-Agar	海藻	E406	素	30℃
卡拉膠 Carrageenan	愛爾蘭紅藻	E407	素	80℃
刺槐豆膠 / 角豆膠 Locust Bean Gum	次槐樹	E410	素	45～50℃
關華豆膠 Guar Gum	瓜爾豆	E412	素	30～40℃
黃原膠 / 三仙膠 Xanthan Gum	玉米澱粉	E415	素	10～80℃
蘋果果膠 Apple Pectin	蘋果	E440	素	30～40℃
吉利丁 / 明膠 Gelatin	動物	E441	葷	25～40℃
三酸甘油酯 Triglyceride 簡稱 TG	動物 / 植物	E471	葷 / 素	45～50℃
菊苣纖維 / 菊糖 Inulin	菊苣	/	素	/

上面介紹的都是單方的膠體，市面上不容易買到，並且多是大容量包裝；再者，因每種膠體都有特殊作用，其實很少只用單方，多半都會直接選用複方膠體。因冰淇淋在義大利的製作技術已相當成熟，很多廠商皆有開發出複方膠體，建議可依產品上標示的添加比例來使用，並確認是否需經過加熱。

膠體的作用溫度

要讓冰淇淋中的膠體完整發揮作用，
要特別注意各種使用膠體的作用溫度，確實加熱。

冰淇淋各材料的影響

材料種類	影響
水	結冰來源。若配方不正確會使冰晶粗大。
脂肪	使質地滑順、口感豐富、味道濃郁。 會影響打發程度，太多會使口感厚重膩口。
無脂固形物	養分來源、改善質地。太多會讓冰淇淋有顆粒感、粗糙的感覺。
糖	風味強烈、最多的固體來源。太多會過甜或使冰淇淋太軟。
蛋黃	質地紮實、風味厚重。易有蛋黃腥味、需注意衛生殺菌問題。
膠體	使冰淇淋質地圓滑、延長保存期限。太多會過於黏稠、不易融化。

美味冰淇淋的關鍵

材料的品質決定風味

冰淇淋是一個很真實的東西，所有風味都會直接表現在產品上。當熟悉食材的最佳使用時期，才能釋放剛剛好的香、甜、苦、酸、澀；又如水果在不同的成熟度時，所呈現出來的果香滋味也不同，並不是甜就好，唯有深刻理解食材，方能依想要表現的風味，做出最剛好的設計。

挑選合適的設備

每台機器的效能一定會因廠牌不同，所著重的方面：比方製冰速度、清洗的方便性、價錢…等也不一樣，如何挑選適合自己的機器，也是很重要的。

純熟的加工技術

一個成功的配方，取決於希望冰品如何呈現，並沒有絕對的比例。水果熟度的選擇、水果加熱與否、各食材間怎麼配比……，當冰淇淋師傅能將風味的想法，透過精準的技術實現，讓人難忘的冰淇淋便呼之欲出。

溫度與保存的關係

保存是冰淇淋很重要的一環，如果溫度上的管理出了問題，那麼冰品很容易出現冰晶的情況，就會影響入口的質地。

風味的秘密

鹽

一點點鹹味，可以更凸顯其他原料的風味，使它更像它自己，讓其他味道變得更加明亮，花草的味道更加跳耀，還有些許壓抑苦味的效果。最常見到的例子就是鹹焦糖這個口味，鹽會增加甜味並且壓抑部分苦味，使得鹹焦糖風味變得更有深度。

酸

除了檸檬之外，也有越來越多人使用醋（果醋或者葡萄酒醋）取代，不僅讓冰淇淋的顏色更加鮮豔飽滿，也能讓風味層次感更佳；不僅如此，適度的酸味會帶著果香，讓人產生出乎意料的感受。比方在很多水果的 Sorbet 中，都會添加些許檸檬汁。

冰淇淋的製作流程

冰淇淋整體的製作概念，主要分成三大階段。

STEP 01

將材料混合成冰淇淋液。
→又分為兩種混合方式：熱製作 [1]（加熱）、冷製作 [1]（不加熱）。

再將冰淇淋液均質 [2]。
→均質是為了讓冰淇淋中所有的成分能夠更加均勻。

靜置（老化熟成 [3]）。 將均質完的冰淇淋液，放於冷藏至少 6 小時。
→讓冰淇淋液體中的風味，能夠更加的融合、飽滿。

熱製作 [1]
為傳統義式冰淇淋的標準做法。無論是手工加熱或使用機器加熱冰淇淋液，都是為了讓食材釋放更多味道，整體風味濃郁厚重，使配方中不同性質的材料能充分融合。加熱也是確實殺菌的唯一方式；在早期因科技較不發達，乳製品不像現代那麼衛生乾淨，再加上較常使用生蛋黃，所以一定要經過加熱殺菌的步驟。

冷製作 [1]
將所有食材混合後，均質，就直接製作冰淇淋，不經過加熱過程，稱之為「冷製作」。現今的牛奶和許多素材，基本上都能直接食用，不需擔心食用安全，因此製作方法能變得更為容易、更快也更方便。

均質 [2]

冰淇淋液的均質是使用機器，透過讓液體均質細化的設備，將在液體中的顆粒粉碎成很小尺寸，使產品穩定、更具一致性（即讓液體裡面的所有分子能夠更均勻地散佈）。

在製作冰淇淋液的過程，裡面的油脂經過加熱後，脂肪球會散亂在液體之中，浮在表面上，為了讓這些散亂的脂肪球，更均勻地散佈在液體裡，所以要經過「均質」這個步驟。均質後能使液體中的脂肪球細化，也讓食材更為均勻，更加細緻。如果忽略這個步驟，一樣能製作出冰淇淋，但成品可能就會有明顯的粗糙感。

老化熟成 [3]

將冰淇淋液均質後，需再靜置至少 6 小時，再來製作冰淇淋。「熟成」是影響冰淇淋品質很重要的過程，能讓味道更具層次，剛做好的冰像年輕小夥子，經過靜置熟成後，就會轉變為更加溫潤細緻的質感熟男。

很多食品其實都經過熟成，例如：酒、醬油、味噌、乳酪、咖哩……，透過「熟成」，可以使內含的食材變得更圓潤，整體味道也更加飽滿、豐富。對於冰淇淋而言也是，經過老化熟成，除了讓蛋白質吸水外，膠體也會開始發揮效用，使冰淇淋比較不容易產生冰晶，風味趨向穩定、圓融，結構也會變得更紮實。

STEP 02 　　　　　**將冰淇淋液，倒入機器製作成冰。**
　　　　　　　　→一邊拌入空氣、一邊冷卻的製冰過程。

製冰　　　　把冰淇淋液體製作成冰的過程。在機器中，攪拌、結冰、拌入空氣會是同時進行。冰淇淋機的原理，是使用壓縮機讓攪拌缸壁非常冰冷，當冰淇淋液接觸到表面後就會立刻結凍，接著在刮刀持續的旋轉攪拌下，把結冰的冰淇淋不斷刮下，重複這個循環，結冰、刮下、結冰、刮下，並在攪拌過程中，將空氣拌入，最後得到的半凍固體，就是冰淇淋了。

　　　　　製作時間、冷凍力、攪拌速度，都關乎機器的性能差異。在 0℃ ~ -5℃ 之間，此階段被稱為「最大冰晶生成帶」，如果越慢度過，就會形成過大冰晶，導致品質粗糙，而這裡影響最大的關鍵，就是所使用的冰淇淋機之效能，是否能快速地度過最大冰晶生成帶，製作成冰。

STEP 03 　　　　　**透過冷凍，將冰淇淋降溫至適合食用的溫度。**
　　　　　　　　→將剛完成的冰淇淋，放置冷凍冰箱，使它快速定型，到達適合食用的溫度。

冷凍　　　　剛製作完的冰淇淋，通常溫度會落在 -5℃ ~ -8℃，這時還不是一個穩定狀態，必須將它移至低溫的冷凍裡，透過「急速冷凍」使溫度快速降到 -12℃ ~ -15℃，讓冰淇淋的結構更完整，才會拿來販售、食用。

　　　　　那麼，為什麼不在冰淇淋機中就直接降溫至可販售的溫度？這是因為，如果降到販售溫度，冰淇淋會呈現一個很堅硬的狀態，冰淇淋機就無法再做攪拌，所以會設定在 -5℃ ~ -8℃，冰淇淋還是柔軟的狀態下進行裝盒。

水為什麼會結冰？
大部分的科學資料，將標準大氣壓下的水能結冰的冰點定為 0℃。水在常溫下是液體，簡單來說，水分子有一個氧原子和兩個氫原子，最外側有兩個孤對電子，就像一個米老鼠的形狀，隨著溫度降低，水分子會發生相變而開始凝結，持續的凝結到完全凍結，即成為冰晶。水是這個世界上最神奇的物質，當水結冰的時候，體積會增加約 9%，質量不變，密度變小。

A　急速冷凍的作用

可以讓冰淇淋周圍快速結凍，防止空氣跑走後冰淇淋產生凹陷。上面有提到，冰淇淋剛製作出來時是很不穩定的狀態，如果在這個階段，沒有快速的把水分確實都凍結，包覆的空氣自然就會流失掉；而這些不穩定的水分，如果讓其慢慢結冰，冰晶的結構就會變得比較大，相對的也會影響最後冰淇淋的口感。

＊　當有添加其他食材（果醬、堅果）時，冰淇淋會融化得特別快，也需要急速冷凍來快速凍結。

急速冷凍的效能，約 0.5-1 小時即可降溫至 -5℃，讓冰淇淋快速越過最大冰晶生成帶；一般冷凍則需要約 1.5-3.5 小時才能到達 -5℃。

> **冰晶對產品的影響**
> 冰晶越大，口感越粗糙，為避免因緩慢凍結形成大冰晶，損壞產品組織，而使產品品質下降，所以在製作冰淇淋之前，每個環節都很重要，從配方到製作、保存，最後販售給消費者，只要有一個環節沒有注意到，就會直接反映在產品上，冰淇淋就是這麼的直接。

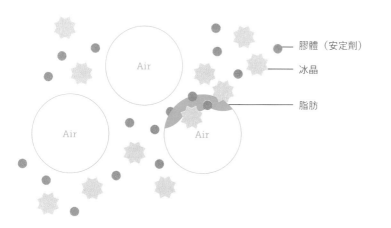

膠體（安定劑）

冰晶

脂肪

＊　可以很明顯地看到水變成冰晶之後，會和膠體、脂肪，均勻地散佈在氣泡四周，包覆著空氣。

B 慢速與急速冷凍比較

慢速冷凍 -20℃（一般冷凍冰箱）

因為冷凍的溫度較高，所以要使冰淇淋完全凝結，變成穩定的狀態，需要
較長時間，冰淇淋可能因為結凍的速度不夠快，而造成空氣流失，會有些
許的塌陷情況，當然水分也會因為結凍的時間較長，讓冰晶變得較大。

急速冷凍 -30℃或 -40℃（商用冷凍冰箱）

因為冷凍的溫度較低，可使冰淇淋表面更快速結冰、不易塌陷，變成穩定
狀態，結凍時間較短，冰晶的產生也相對較小。此外，在高級的急速冷凍
設備上，冰箱內的風扇是以向內吸風的方式製冷，使冰箱內的冷度循環更
均勻，有別於一般冰箱為直接吹風的方式，可以讓食物不會因為吹到風而
快速乾燥。

冰屋效應
其實很多師傅在使用急速冷凍時，都會有一個錯誤的觀念，認為只要溫度越低就越好，結冰的速度會越快，其
實不然，如果一下子溫度開得太低，當表面結冰之後會形成厚厚的一層冰層，反而抵擋了外界的溫度，使得中
心要冰透，反而需要花更長的時間。而且如果溫度開很低，當室溫跟冰箱裡的溫差過大時，反而很容易把室溫
中的水分吸到冰箱中，而變成冰霜，造成急速冷凍冰箱裡會有很多的冰霜產生，影響到產品。

保存　　　義式冰淇淋販售時的溫度，一般設定為 -12℃ ~ -15℃，然而保存溫度會落
在 -20℃ ~ -30℃。很重要的是，不要讓冰淇淋處於溫差過大的環境中，
所以最好的保存方式，就是存放於恆溫冰箱，傳統的臥式冰箱在保存上會
優於直立式冰箱。（存放於不會除霜的冰箱是最為優良的。）

試想：因空氣中的水分都會往最冷的地方去，因此只要溫差超過7℃，
較冷的物體上即會產生水珠（這就是空氣中的水分），也因為這樣，
當從冰箱拿出一杯水，在室溫下杯壁很快就會佈滿水珠，這時候若再
把水杯放到冷凍庫，杯壁上的水珠，就會凝結成顆粒狀的冰晶。正因
如此，若保存不當，冰淇淋就會產生許多碎小的冰晶。

A 需注意的微生物

冰淇淋的製作過程，只有在前段製作冰淇淋液時有加熱殺菌的步驟，當製成冰淇淋後，就不會再有殺菌的過程；所以到了後段做填裝、挖取時，很有可能因為器具不乾淨、保存環境不好，而有細菌感染的可能，以下幾種是在冰淇淋中較常見的。

	預防注意
大腸桿菌 Escherichia Coli	在冰淇淋中，若使用雞蛋最容易發生。耐熱性差，一般烹調溫度即可殺死本菌。保持良好的個人衛生。
李斯特菌 Listeria Monocytogene	主要是透過食品和水為媒介感染，需加熱至 72℃ 以上才可殺死，牛奶及乳製品要確實殺菌。
沙門氏菌 Salmonella	保持工作環境的衛生，防止鼠、蠅、蟑螂等病媒進入工作場所，包含貓，狗，鳥等寵物。冰淇淋中通常發生於未殺菌確實的（雞蛋與蛋製品），製程中務必確實消毒，並定期做場所消毒。
葡萄球菌 Staphylococcus	工作時應戴帽子及口罩，並注意手部清潔及消毒，如果有傷口，因避免接觸到到食物。保持良好的個人衛生。

B 巴斯德殺菌法

為什麼要加熱殺菌？所有食材在經過加熱後，會釋放較多的風味香氣出來，而許多常用的膠體，也需要透過加熱才會發揮出較大的功效；如前面提到，大多數的細菌經由加熱後就會被消滅，因此加熱是冰淇淋製作很重要的一環。

「巴斯德殺菌法」為法國生物學家——路易·巴斯德發明的消毒方式，他發現將酒短暫加熱到 62℃ ~ 65℃ 後，叮以殺死其中的微生物，讓酒不易變酸，並且也不會因為加熱而影響酒的風味。後來這種方式即以巴斯德的姓氏命名，稱為「Pasteurization」。現今我們大量使用此方式來消毒，無論奶類、蛋類、蜂蜜、啤酒、果汁等食品都適用。

目前，殺菌法根據加熱溫度高低，可分為四大類：

低溫長時間殺菌法（Low Temperature Long Time, LTLT）
高溫短時間殺菌法（High Temperature Short Time, HTST）
寬鬆高溫短時間殺菌法（Higher-Heat Shorter Time, HHST）
超高溫瞬間殺菌法（Ultra High Temperature, UHT）

依食品類型，各自的殺菌溫度與時間條件也不同。 以牛奶殺菌為例，「低溫長時間殺菌法」為 63℃加熱 30 分鐘，「高溫短時間殺菌法」為 72℃～75℃，保持 15-16 秒，由於此兩種溫度較低，能保留較多的養分，也讓風味最趨近於原味。

「超高溫短時間殺菌法」則是現今台灣乳品工廠大多採用的方式，經由高溫瞬間加熱，會使得牛奶更加香醇，但對於歐洲或日本等其他國家來說，他們更偏好清爽的風味，所以有時候在超市買到不同產地的牛奶喝起來會有很大的差異，正是因為殺菌方法也會改變牛奶的風味。

「寬鬆高溫短時間殺菌法」是最常用在冰淇淋的方式，需加熱到 85℃～90℃，溫度更高，但能更確實的降低生菌數，增加工作效率（但會損失較多的營養）；接著快速冷卻至 4℃，必須快速降溫，度過細菌孳生的溫層帶；由於不會殺死所有微生物，因此必須冷藏。

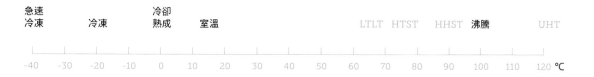

理解了冰淇淋製作的流程與概念後，那麼，Gelato 與 Sorbet 兩種冰淇淋有什麼差別呢？ Gelato 的脂肪含量通常在 4%–12%，強調新鮮、低脂與綿密的口感；而 Sorbet 常被認為是不加牛奶，這只對了一半，其實「0% 脂肪」才是 Sorbet 最大的定義，主要材料以新鮮水果為主，講究風味清爽。

→ Gelato 製作

以下範例，以加熱的方式來製作，除了讓冰淇淋風味更加明顯，也做到確實殺菌。
大部分的冰淇淋做法其實都是差不多的，很多時候差別是來自於，食材是否經過加熱，或者添加的順序，都會直接影響成品。

A	脫脂奶粉	35g
	蔗糖	110g
	葡萄糖粉	85g
	右旋糖粉	20g
	膠體	5g
B	全脂牛奶	545g
	動物性鮮奶油 35%	170g
	蛋黃	30g
	Total 總重	**1000g**

1　依配方表將所需材料精準的秤好，備用。將材料 A（所有乾料）混合均勻。

2　將牛奶、鮮奶油、蛋黃混合均勻，加熱至 45℃ ~ 50℃，之後加入拌勻的材料。
　　→邊加邊攪拌，避免結塊。

3　繼續加熱至 85℃。**→為了殺菌，也是為了讓味道釋放。**

4　確實的均質。**→為了讓所有食材能更加融合。**

5　快速降溫至 5℃後，放置冷藏約 6 小時，老化熟成。
　　→快速地度過細菌滋生帶，常用方法為隔冰水降溫。

6　冷藏取出後再次均質，之後放入冰淇淋機中製冰。**→在靜置過程中，部分食材會沈澱，因此需要再次均質，這個步驟可以讓冰淇淋更加細緻綿密。**

7　變成冰淇淋之後，快速放入急速冷凍冰箱，確保品質。
　　如果可以，-35℃為最好，冷凍 15 分鐘左右，再儲存於 -20℃ ~ -30℃的冰箱中。
　　→如果是家用冰箱，就直接放入冷凍，直到冰凍為止。

在製作 Sorbet 時，還是會經過一個加熱過程，雖然說水果大部分是可以直接吃的，但是加熱除了殺菌之外，也是為了讓其他材料更加融合於水中，比如膠體，透過加熱能夠發揮最大的效用。

→ Sorbet 製作

我們通常會希望水果不加熱，保留更新鮮的風味、更鮮豔的顏色，然而部分水果加熱後味道確實會更濃郁，如椰奶、藍莓、綜合莓果……，而水果的加熱與否，還是取決於製作者的考量，並沒有絕對的作法。

A	蔗糖	145g
	葡萄糖粉	30g
	膠體	5g
B	水	220g
C	草莓	600g
	Total 總重	**1000g**

1 依配方表將所需材料精準的秤好，備用。將材料 A（所有乾料）混合均勻。
2 將水加熱至 45℃ ~ 50℃，之後加入所有乾料。**→邊加邊攪拌，避免結塊。**
3 繼續加熱至 85℃。**→為了讓食材更加融合、殺菌，也是為了讓膠體產生作用。**
4 降溫至 20℃，再加入 C，確實的均質。
　→為了不讓水果受到溫度影響，並且讓所有食材能更加融合。
5 放置冷藏約 6 小時，老化熟成。
6 冷藏取出後再次均質，之後倒入冰淇淋機中製冰。**→在靜置過程中，部分食材會沈澱，再次均質，這個步驟可以讓冰淇淋更加細緻綿密。**
7 變成冰淇淋之後快速放入急速冷凍冰箱，確保品質。
　如果可以，-35℃為最好，冷凍15分鐘左右，再儲存於 -20℃ ~ -30℃ 的冰箱中。
　→如果是家用冰箱，就直接放入冷凍，直到冰凍為止。

→　POINT
　如果是使用殺菌機（冰淇淋設備），可以讓材料輕鬆混合；但如果是人工以鍋加熱操作，每次加入材料後，必須攪拌均勻，在過程中也必須不斷攪拌鍋底，避免焦底。

冰淇淋的配方計算

很多人覺得冰淇淋最難的是配方計算，好像只要學會了計算，
就能做出冰淇淋，如果算不出來就無法製作，到底計算的目的是什麼呢？

固體和水分的關係

在冰淇淋的成分中，水分和固體比例非常重要，必須達到一個平衡，冰淇淋才能成型，
如果比例不正確，就會呈現口感粗糙，或是發生無法結凍之類的狀況。

簡單來說，冰櫃只能設定一個溫度，但冰淇淋店可能已經開發出 100-200 種口味，也
就是說，當這些口味放在同一個冰櫃裡，軟硬度是要一致的，若狀態太硬或太軟，都
會造成販售或保存上的困難。也就因為如此，我們才需要學習計算，讓各種口味配方
的結構，都符合存放溫度的平衡比例。

而計算不會是百分百的，還是得製作出來，才能調整修正，理解比例概念，知道如何
判斷水分和固體的平衡關係，往後就能依照每次想要的成品設定，做出接近自己所想
的成品。「材料的比例計算」，是製作義式冰淇淋很重要的關鍵！

這裡解說的是義大利製作冰淇淋的標準方式，沒有絕對，每個國家或是區域，每個人
都可以有自己的作法，以下提供的說明，只是幫助你找到一個基準點，能夠做出成型
的冰淇淋，做出來之後再依所處的現實環境（氣候、物理、人文），調整甜度、脂肪、
風味、特色等。

正常來說，義式冰淇淋在販售的時候溫度會是 -12℃ ~ -15℃，
而此時水和固體的平衡區間：

	Gelato	Sorbet
固體（固形物）	32%–42%	26%–34%
水分	58%–68%	74%–66%

先記下這些，接著會再詳細說明，怎麼使用和怎麼計算。

→ Sorbet 的平衡　　Sorbet 中因為不含油脂，所以在計算配方時相對簡單，我們只需計算出水與固體的平
衡，即可讓 Sorbet 在食用時，風味更好的釋放，挖取時也能輕鬆不費力，並且質地
擁有良好的延展性，因此務必學會計算的概念。

水果為 Sorbet 的主軸，也是風味來源，因此第一步必須先設定水果的使用 % 數，
算出水果中含有多少的固體，才能依照上表的建議比例，往下算出其他材料，符合
Sorbet 的平衡。

STEP 01　首先設定下列條件

1 設定「水果」的%數
→可參考附表 3（P69），約落在 25%–60%。
2 設定「固形物」的%數
→正常添加範圍為 26%–34%。
3 設定「膠體」的%數
→膠體會因為使用品牌而有不同的添加值，可依產品標示之建議用量。
4 想要添加的其他「糖類」%數
→添加比例約是 1%–5%。

假設

1 設定水果	→	60%	=	600g
2 設定固形物	→	30%	=	300g
3 膠體	→	0.5%	=	5g
4 葡萄糖粉	→	5%	=	50g
總重	→			**1000g**

註　1000 是一個最常使用的數字，也比較容易做計算

STEP 02　表格中先填入上列數值後，接下來，
　　　　　即可一一計算出需要加多少「水」和多少「糖分」。

材料（g）	重量	水	糖分	其他固形物	固形物總和
草莓	600	522	54	24	78
水	168.5	168.5			0
糖	176.5		176.5		176.5
葡萄糖粉	50	9.5	40.5		40.5
膠體	5			5	5
合計	1000	700	271	29	300
百分比	100%	70%	27.1%	2.9%	30%

表上的黑色數字由我們自己設定，紅色數字則是經由計算所得知的結果。如果你對於食材的成分特性越了解，那麼設定出來的成品就會越接近你所想要的味道。然而一開始在設定方面，還是會先給大家一些建議值，等你越做越熟練之後，就能從中做出很多變化。

首先必須知道水果的固形物含量（大部分來自於其中的糖分），
最精準的方式是以糖度計測量，如果沒有也可以參考附表 2（P68）。

草莓的固形物為甜度 9%、其他固體 4%（參考 P68 得知）

600g	×	9%	=	54g	→ 草莓裡面的糖分
600g	×	4%	=	24g	→ 草莓裡面的其他固體
54g	+	24g	=	78g	→ 草莓裡面總固體
600g	−	78g	=	522g	→ 草莓裡面的水分

葡萄糖粉 50g×81%（參考 P67 附表 1）　　　　=　　40.5g 葡萄糖中的固形物
300g（固體總和）-78g-40.5g-5g　　　　=　　176.5g　　　→糖量
1000g（總重量）-600g-176.5g-50g-5g　　=　　168.5g　　　→水量

如此計算，配方就出來了。

→ Gelato 的平衡　　Gelato 的計算會比 Sorbet 來得困難許多，因為成分中多了「油脂」，光多了油脂其實變化就變得非常多，而計算的意義在於能夠幫我們做出第一桶冰，當什麼都還不會時，很容易做出狀態不正常的冰淇淋，只能土法煉鋼，一點一點測試各種變因，這時候，學會基礎的計算，至少可以先製作出一個狀態優良的冰淇淋，或許風味上不是很理想，但有了第一步，接下來再透過幾次的調整，最後一定能完成風味和狀態都是自己很滿意的冰淇淋。

為什麼做冰淇淋時需要了解這麼多食材，這麼多的理論，還有各種數值？
因為很多數值都會對冰淇淋帶來不同的影響。

比如：水和固體的數值　　→會影響冰淇淋的軟硬度。
　　　脂肪的數值　　　　→影響冰淇淋軟硬度外，也會影響風味的濃郁程度。
　　　糖的數值　　　　　→會影響冰淇淋的甜度。

了解這些數值的意義，其實就是為了讓我們能更有方向地創造自己的風味，
或是獨特的配方。

現今冰淇淋的三種計算方式

每種方式各有不同的訴求與目的。第一種方法最為繁複，也必須記下一些公式才能求得數值。後兩種為目前的主流算法，經過許多人不斷研究，已將複雜的計算簡化很多，而達到近乎相同的效果，讓更多人能夠越來越簡單地了解冰淇淋領域。

A 最為傳統的精密計算

主要用來創造新的冰淇淋配方，有既定公式，算式最為複雜，必須很了解所有使用的食材，和自己想要呈現產品的方向，才能掌握所有計算的細節考量。

B 冰淇淋的固形物計算

當取得一個配方後，如何知道適不適合自己，就可以透過「固形物計算」來了解這個配方的質地狀態，比如：脂肪的高低、甜度的高低，或者是軟硬度。（而不用等每個配方都實際做出來才知道是否符合需求，熟練之後，即可依自己的想法更改配方。）

C 冰淇淋的抗凍力計算

冰淇淋遇到最常見的問題，通常會是在冰櫃中呈現太硬或太軟的狀況，然而這個計算方式，可以讓我們快速得知此配方做出的冰淇淋，是否能存放在適合的溫度下，如果算出的溫度不符合冰箱的設定，可透過糖的增減來調整配方。

A　　　最為傳統的精密計算

第一個傳統算法，需自行設定脂肪、無脂固形物、糖分、膠體，再依照食材的特性做搭配，會需要較多的專業知識，了解很多物理數值，也必須記住一些公式才能準確計算，因此現在已較少人使用。（下表為建議範圍值）

Gelato 成分比例參考值

成分	建議比例
糖分	16%-22%
脂肪	4%-12%
無脂固形物	8%-12%
其他固形物	0%-5%
脂肪 + 無脂固形物	16%-22%
固形物總和	32%-42%
有感糖	16%-23%

STEP 01　首先自行設定以下數值

配方總重 10000g		份量
脂肪	8%	800g
無脂固形物	9.5%	950g
蔗糖	18%	1800g
膠體	0.5%	50g
蛋黃（建議不超過 7%）	3%	300g

★ 在這個範例中，為了幫助理解，因此配方設定以總重 10000g 來說明，讓計算時數字不會太細碎。
★ 這個範例中有添加蛋黃，如果不想加蛋黃，數值設定 0% 即可。

因為調整甜度的關係，我把蔗糖的部分比例換成右旋糖。
這裡的蔗糖設定 18%，將其中 4% 替換成右旋糖 ＝ 14% 的蔗糖 ＋ 4% 的右旋糖。
**→建議更換成其他糖類的時候，蔗糖還是必須佔整體配方糖分的 6 成以上，
冰淇淋結構會比較穩定。**

依上面的數值設定，會得到以下圖表。
接著以公式，依序計算出需要加多少的脫脂奶粉、奶油與牛奶。

材料	重量	脂肪	無脂固形物	糖分	穩定劑	蛋黃	固形物總重
全脂牛奶							
脫脂奶粉							
蔗糖	1400			1400			1400
右旋糖粉	400			400			380
奶油							
蛋黃	300					300	150
膠體	50				50		50
Total	10000	800	950	1800	50	300	
百分比 %	100	8	9.5	18	0.5	3	

單位 g

STEP 02　計算「脫脂奶粉」的用量

先算出漿液份量

除了無脂固形物，先把其他已知的所有成分重量加總。

（脂肪 800 ＋ 糖分 1800 ＋ 膠體 50 ＋ 蛋黃 300）＝ 2950g

10000（總重）-2950 ＝ 7050g →漿液

公式

（無脂固形物數值 ÷1000）-（漿液 ÷1000×0.088）

（1kg 脫脂奶粉的無脂固形物 ÷1000）-（0.088）

★ 脫脂奶粉含 97% 無脂固形物。

★ 這裡以公斤為單位計算，所以原來的克數，都要除以 1000。

$$\frac{(950÷1000)-(7050÷1000×0.088)}{0.97-0.088} \rightarrow \frac{0.950-0.620}{0.882} \rightarrow \frac{0.330}{0.882} \rightarrow 0.374Kg$$

在配方中添加 374g 脫脂奶粉

得知以下圖表

材料	重量	脂肪	無脂固形物	糖分	穩定劑	蛋黃	固形物總重
全脂牛奶							
脫脂奶粉	374	374×1% = 3.74	374×97% = 362.78				366.52
蔗糖	1400			1400			1400
右旋糖粉	400			400			380
奶油							
蛋黃	300					300	150
膠體	50				50		50
Total	10000	800		1800	50	300	
百分比 %	100	8	9.5	18	0.5	3	

單位 g

STEP 03　接下來要尋找「奶油」

將表上所有已知的食材重量加起來。
（脫脂奶粉 374 ＋ 蔗糖 1400 ＋ 右旋糖粉 400 ＋ 蛋黃 300 ＋ 膠體 50）＝ 2524g
先算出漿液量→ 10000 － 2524 ＝ 7476g

★漿液重量 6800 – 7500g 之間為常態。
★配方中若沒有蛋黃就可能不在範圍內。

公式

$$\frac{（脂肪數值 \div 1000）-（漿液 \div 1000 \times 牛奶的脂肪 \%）}{（奶油的脂肪 \%）-（牛奶的脂肪 \%）}$$

ex. 以牛奶脂肪 3.6%、奶油脂肪 82% 為例計算

$$\frac{(800 \div 1000)-(7.476 \times 0.036)}{0.820-0.036} \rightarrow \frac{0.800-0.269}{0.784} \rightarrow \frac{0.531}{0.784} \rightarrow 0.677kg$$

→在配方中添加 677g 奶油

得知以下圖表

	重量	脂肪	無脂固形物	糖分	穩定劑	蛋黃	固形物總重
全脂牛奶							
脫脂奶粉	374	3.74	362.78				366.52
蔗糖	1400			1400			1400
右旋糖粉	400			400			380
奶油	677	677×82% ＝ 555.14	677×1.9% ＝ 12.86				568
蛋黃	300					300	150
膠體	50				50		50
Total	10000			1800	50	300	
百分比 %	100	8	9.5	18	0.5	3	

單位 g

STEP 04　接著就可以找到最後的「牛奶」

總重 −（脫脂奶粉 + 蔗糖 + 右旋糖粉 + 奶油 + 蛋黃 + 膠體）
10000 −（374+1400+400+677+300+50）= 6799

→在配方中添加 6799g 牛奶

得知以下圖表

	重量	脂肪	無脂固形物	糖分	穩定劑	蛋黃	固形物總重
全脂牛奶	6799	6799 × 3.6% = 244.76	6799 × 9% = 611.91				856.67
脫脂奶粉	374	3.74	362.78				366.52
蔗糖	1400			1400			1400
右旋糖粉	400			400			380
奶油	677	555.14	12.86				568
蛋黃	300					300	150
膠體	50				50		50
Total	10000	803.64	987.55	1800	50	300	3771.19
百分比 %	100	8	9.5	18	0.5	3	37.71

單位 g

＊最後把材料表格完整列出，由於我們計算到小數點後兩位，四捨五入，因此有一些
　小偏差是很正常的。經過計算，就能得到你想要的冰淇淋配方。
＊計算公式中，遇到奶油或是牛奶的數值，要先確實了解所使用的食材，依上面標示
　的營養成分做計算，才會更加準確。然而這是一個複雜的計算過程，所以才衍伸出
　以下兩種較為簡單的計算方式。

B　　冰淇淋的固形物計算

這個算法主要用來檢視既有配方，經由「固形物的計算」，能了解冰淇淋中水
分和固體的比例，如果與自己想要的狀態有落差，即可利用換算的方式去調整
或變化配方。

義式冰淇淋的固體、液體平衡

	固體比例	液體比例
Gelato	32%-42%	68%-58%
Sorbet	26%-34%	74%-66%

義式冰淇淋販售的溫度落在 -12℃ ~ -15℃，固體和水分的比例平衡是冰淇淋很重要的
一環；若水分過多，冰淇淋質地會沙沙的並且很硬，水分過少則會過於濃稠厚重、質
地較硬。透過第二種「固形物的計算」方法，能夠解決 8 成冰淇淋的問題。

以這個配方為例

	重量	水分	糖分	脂肪	無脂固形物	其他固形物	固形物合計
全脂牛奶 3.6%	565	493.81		20.34	50.85		71.19
動物性鮮奶油 35%	150	88.8		52.5	8.7		61.2
脫脂奶粉	35	0.7		0.35	33.95		34.3
蛋黃	45	22.5		13.5		9	22.5
蔗糖	150		150				150
葡萄糖粉	25	4.75	20.25				20.25
右旋糖粉	25	1.25	23.75				23.75
膠體	5					5	5
Total	1000	611.81	194	86.69	102.5	5	388.19
百分比 %	100	61.181	19.4	8.669	10.25	0.5	38.819

單位 g

表格中的黑色數字為已知配方，必須了解的是：

1　　脂肪的含量，越多也就越厚重，越少越輕薄。

2　　糖分的含量，越多也就越甜，越少風味可能不夠。

3　　總固形物的含量，知道總固形物的比例後，我們就能知道，
　　　當冰淇淋存放在 -12℃ ~ -15℃ 的冰箱時，會不會太軟或是太硬。

以下範例是參考附表 1（P67）來做計算（如果知道使用食材實際的成分表，
會是最精確的）。分別算出每一個素材的「水分」和「固體量」。

全脂牛奶 3.6%

脂肪	565	×	3.6%	=	20.34
無脂固形物	565	×	9%	=	50.85
固體總和	20.34	+	50.85	=	71.19
水	565	−	71.19	=	493.81

動物性鮮奶油 35%

脂肪	150	×	35%	=	52.5
無脂固形物	150	×	5.8%	=	8.7
固體總和	52.5	+	8.7	=	61.2
水	150	−	61.2	=	88.8

脫脂奶粉 0%

脂肪	35	×	1%	=	0.35
無脂固形物	35	×	97%	=	33.95
固體總和	0.35	+	33.95	=	34.3
水	35	−	34.3	=	0.7

蛋黃

脂肪	45	×	30%	=	13.5
其他固形物	45	×	20%	=	9
固體總和	13.5	+	9	=	22.5
水	45	−	22.5	=	22.5

蔗糖

糖分	150	×	1	=	150

葡萄糖粉

糖分	25	×	81%	=	20.25
水	25	−	20.25	=	4.75

右旋糖粉

糖分	25	×	95%	=	23.75
水	25	−	23.75	=	1.25

膠體

其他固體	5	×	100%	=	5

經過上述計算後，即可加總得出各項材料的使用比例：

水	→ （493.81+88.8+0.7+22.5+4.75+1.25）÷1000×100%	= 61.181%
糖分	→ （150+20.25+23.75）÷1000×100%	= 19.4%
脂肪	→ （20.34+52.5+0.35+13.5）÷1000×100%	= 8.669%
無脂固形物	→ （50.85+8.7+33.95+9）÷1000×100%	= 10.25%
其他固形物	→ 5÷1000×100%	= 0.5%

固形物（固體）合計

19.4+8.669+10.25+0.5 ＝ 38.819%

★數值全部計算出來後，就可以回到「Gelato 成分比例參考值」表（P47），比對我們的配方是否都在數值範圍內，依此判斷冰淇淋是何種狀態，比如脂肪較高、或是糖分較高，即可依平衡狀態，進一步修改配方，更改完後再次計算，就能確保配方不易出問題。

★記得一個重點：固體成分拿掉要補固體，液體成分拿掉要補液體（巧克力和酒精例外）。

　　冰淇淋的抗凍力計算

這是現在最廣為人知、也是普遍在使用的計算方式。看完上述 A、B 兩種計算方式後，會發現算法越來越趨於簡便，A 需要記很多公式，而 B 又必須把所有數值都計算出來。我們已經知道固體會對冰帶來很大的影響，「抗凍力的計算」使用更簡單的方式，只計算冰淇淋中固體成分的抗凍力，就可以知道冰淇淋在各個溫度下的狀態。在固體和水分的正常比例下，固體的抗凍能力，即代表這個冰淇淋在多少溫度的環境下是柔軟的。

以下是常用糖類的抗凍力表，分別列出：有感甜、抗凍能力和分子量。蔗糖是一個基準值，有感甜假設為100%（以此為基準），比100%高就表示同重量下，比蔗糖來得更甜；相對的，比 100% 低就是同重量下比蔗糖來得更不甜。

同樣的，蔗糖的抗凍力100%（以此為基準），若比 100% 高，就表示當相同份量的該種糖溶於相同重量的水中，比蔗糖來得更不易結冰；相對的，比100% 低就表示相同份量的該種糖溶於相同重量的水中，比蔗糖來得更易結冰。

常用糖類的抗凍力

	有感甜	抗凍力	分子量（g/mol）
蔗糖	100%	100%	342
乳糖	16%	100%	342
葡萄糖粉	47%	90%	180
右旋糖粉	74%	190%	180
轉化糖	120%	190%	180
果糖	170%	190%	180
蜂蜜	130%	190%	180
海藻糖	50%	100%	342
酒精		740%	46
鹽		590%	58

＊ PAC（抗凍力）計算：以 1Kg 的重量來試算。

冰淇淋抗凍力在各溫度下的數值

抗凍力（PAC）	儲存溫度（℃）
241-260	-10℃
261-280	-11℃
281-300	-12℃
301-320	-13℃
321-340	-14℃
341-360	-15℃

★從表上可看出一個規則：每增加 20 個 PAC 值，其儲存溫度降低 1℃。

了解抗凍力的概念後，接下來以範例實際操作。
下表中的黑色數字是已經知道的部分，以此為前提，只需要算出每個材料的固體量
（固體比例請參考 P67 附表 1），就可得知這個配方的抗凍力是多少。

材料	重量 g	糖的抗凍力	總抗凍力
全脂牛奶 3.6%	565	100%	45.2
動物性鮮奶油 35%	150	100%	8.7
脫脂奶粉	35	100%	35
蛋黃	45	/	/
蔗糖	150	100%	150
葡萄糖粉	25	90%	22.5
右旋糖粉	25	190%	47.5
膠體	5	/	/
Total	1000	/	308.9
總抗凍能力（PAC）			308.9

單位 g

材料抗凍力＝糖量 × 糖的抗凍力

全脂牛奶（只計算無脂固形物，脂肪部分可忽略）
碳水化合物 4.8 ＋蛋白質 3.2 ＝ 8
565×8% ＝ 45.2
抗凍力→ 45.2×100% ＝ 45.2

動物性鮮奶油
碳水化合物 2.8 ＋蛋白質 3 ＝ 5.8
150×5.8% ＝ 8.7
抗凍力→ 8.7×100% ＝ 8.7

脫脂奶粉	抗凍力→ 35×100% ＝ 35
蔗糖	抗凍力→ 150×100% ＝ 150
葡萄糖粉	抗凍力→ 25×90% ＝ 22.5
右旋糖粉	抗凍力→ 25×190% ＝ 47.5

總抗凍力（PAC）　　→ 45.2+8.7+35+150+22.5+47.5 ＝ 308.9

這個配方計算出的總抗凍力是 308.9，對照左頁的抗凍溫度表，就能得知冰淇淋合適的存放溫度落在 -13℃。透過這個經驗規則，就可以去設定每個配方需要的儲存溫度。

那麼，抗凍力的計算邏輯是怎麼來的？如上表（P55），每種食材都會有一個分子量的數值；抗凍的能力是由糖分子與水分子的結構而來，較小的糖分子，會有更大的力量凍結。即可從**莫耳質量** 、**抗凍能力**、**分子量**三者的關係來理解。

例如，蔗糖的分子量為 342，酒精的分子量約為 46。我們將蔗糖的分子量（342）除以酒精分子量（46），其結果將是 7.4。蔗糖的抗凍力為 100，而酒精是蔗糖的 7.4 倍，即可得知酒精的抗凍能力為 740。所以，常說酒精的抗凍力是糖的 7 倍，其實就是從莫耳質量來的，也就表示，其實抗凍力與分子量有著密切的關係。

→其他重要
　相關知識

空氣的打發率計算

空氣對於冰淇淋而言是很重要的元素，能使冰淇淋增加延展性，也可以讓冰淇淋不會太甜、太膩或是太冰。而空氣是不用錢的，空氣含量越高，相對的成本越低，但空氣量若太高，也會讓成品覺得很空虛，或是結構鬆軟，沒有風味。

霜淇淋的打發率大約是 40%-60%，給人較蓬鬆、輕飄的感覺；義式冰淇淋的打發率則約在 30% 左右，在這個對比下，義式冰淇淋就讓人覺得較為紮實、濃郁、厚實。

	打發率	結構呈現
霜淇淋	40%-60%	較為蓬鬆、輕飄
義式冰淇淋	30% 上下	較為紮實、濃郁、厚實

公式
（1 公升水的重量 – 1 公升冰的重量）÷1 公升冰重量 ×100%

★ **範例 1**
一個盆子裝水重 1000g，裝冰重 800g。
（1000-800）÷800×100% = 25　　　→打發率 = 25%

★ **範例 2**
一個容量剛好是 100g 的容器，將冰淇淋放入假設是 70g。
（100−70）÷70×100% = 42.8　　　→打發率 = 42.8%

糖的轉換

糖度 Brix

Brix，符號「°Bx」是測量糖度的單位，定義是「在 20℃的溫度下，每 100 克水溶液中溶解的蔗糖克數」。甜度是利用液體的濃度和折光度來測量，大部分傳統的糖度計，需要將前端朝向有亮光的地方來操作，而電子式的糖度計，則能自己發光測量，如果液體中包含了太多成分，如糖、 蛋白質、脂肪……都會影響折光率，出來的數值也較不準確。

甜度一般是指舌頭上的感覺，因人而異，以海藻糖為例，同樣 100 克的蔗糖和海藻糖，雖然重量一樣，但甜度上，海藻糖卻只有蔗糖的 50% 左右，相對比較不甜。而像市售的無糖產品，很多是使用高倍數代糖，用量少但甜度高。

糖很有趣，翻找以前冰淇淋的傳統配方時，我發現人們在這十年間，食用糖的甜度下降了 30% 左右，這也是為什麼如果你用很傳統的冰淇淋配方時會覺得很甜。現代人可以從各方面攝取糖分，也對健康要求較高，隨著時代變遷，人們對於糖的感受已經相對改變了。

前文提過，義式冰淇淋很重要的平衡就是水分及固體，如果因為覺得冰淇淋太甜，而隨意的增減糖量，就會破壞冰淇淋的平衡，導致冰淇淋的完成狀態出現問題，而最明顯的直接差別，就是冰淇淋的軟硬度。

有感糖是什麼？

首先要說明，為什麼需要計算有感糖 PS（Pouvoir Sucrant）？每個人對於甜度的感受範圍都是不同的，因此必須有一個基準作為依據，「有感糖」即可提供參考值，簡單來說就是感受到糖甜的感覺；我們會將蔗糖當作基準，再去對比其他類別的糖。

而溫度，也會影響我們對於糖的感受。以一杯咖啡來說，在熱的時候加很多糖，喝起來並不會覺得很甜，在冰冷的時候也不會太甜，可是當恢復常溫之後再喝，卻覺得非常甜，就是因為溫度會改變我們對糖的感受。當溫度在 20℃以上，有感糖會減低，在溫度 20℃以下，有感糖也會減低。所以通常都會在 20℃左右做測試。

糖的甜度

	有感糖 %	固形物 %	水分 %
蔗糖	100	100	
右旋糖	74	95	5
葡萄糖	47	81	19
轉化糖	125	78	22
乳糖	16	100	
蜂蜜	120	變化	
果糖	173	100	

舉例來說，如果在產品中原本放了 100 克的蔗糖，我們把它換成 100 克的海藻糖，糖分的使用量沒有改變，但是甜度卻明顯減了一半，這就是糖的轉換。現今，糖的種類非常多樣，先了解各自特性後再使用於冰淇淋，都能帶來不同的效果。

	克數 g	有感糖 %
蔗糖	100	100
海藻糖	100	50

配方中有感糖的計算

　有感糖的計算，是為了讓我們對於冰淇淋入口時的風味感受有更多判斷依據，糖度（Brix）固然是一個標準，但有感糖是另一個判別糖度的標準，比甜度來得更準確，因為每一種糖所帶來的甜度表現會不一樣，計算出有感糖的數值，是為了方便在制定配方的時候，讓配方比例更加接近自己所想像的效果。

水果中的糖分比例參考

	葡萄糖 %	果糖 %	蔗糖 %
草莓	2.5	2.7	3.8
葡萄	7.3	3.5	3.6
香蕉	2.6	2.4	10.5
蘋果	1.6	6.3	4.7

奇異果	3.7	4.0	1.4
葡萄柚	2.0	2.2	3.1
橘子	1.7	1.9	8.8
鳳梨	1.6	1.9	8.8
桃子	0.6	0.7	6.8

單位 g

★ 範例 1

計算 60% 草莓雪酪的有感糖

	重量	水	糖分	其他固形物	固形物總和	有感糖
草莓	600	522	54	24	78	62.076
水	163	163				
蔗糖	173		173		173	173
右旋糖	60	3	57		57	42.18
膠體	4			4	4	
合計	1000	688	284	28	312	277.256
百分比 %	100	68.8	28.4	2.8	31.2	27.7

單位 g

第一步：先有一個配方，才能去計算這個配方的有感糖是多少。

第二步：只計算材料中含糖的部分（因為只有糖才會有甜度）。

大部分水果的糖分組成，有三個部分：葡萄糖、果糖、蔗糖（參考左表）

以草莓來說，糖分組成為：葡萄糖 2.5、果糖 2.7、蔗糖 3.8。

所以可先計算出在草莓中，各種糖的份量有多少，再計算其他每一種糖的有感糖。

配方中草莓重量是 600g，所以：

葡萄糖	→ 600 × 2.5% × 47% = 11.25
果糖	→ 600 × 2.7% × 173% = 28.026
蔗糖	→ 600 × 3.8% × 100% = 22.8
草莓的有感糖	→ 11.25 + 28.026 + 22.8 = 62.076

蔗糖（PS100）　　　　　→ 173×100% = 173
右旋糖粉（PS74）　　　　→ 57×74% = 42.18

草莓雪酪的有感糖　　　　→ 62.076+173+42.18=277.256 = 27.7%
計算後可得知，這款冰淇淋配方的有感糖是 28%。

★ 範例 2
計算牛奶冰淇淋的有感糖

	重量	脂肪	無脂固形物	糖分	穩定劑	蛋黃	固形物總重	有感糖
全脂牛奶	545	19.62	49.05				68.67	3.924
動物性鮮奶油	170	59.5	9.86				69.36	0.7888
脫脂奶粉	35	0.35	33.95				34.3	2.716
蔗糖	110			110			110	110
葡萄糖粉	85			68.85			68.85	32.3595
右旋糖	20			19			19	14.06
蛋黃	30	9	6			30	30	
膠體	5				5		5	
Total	1000	88.47	92.86	197.85	5	30	405.18	163.8483
百分比 %	100	8.847	9.286	19.785	0.5	3	40.518	16.4

單位 g

同樣的，這個範例中，只需要計算糖的部分。 乳製品內含的無脂固形物中，
約有一半是乳糖，因此算法如下：

無脂固形物 ÷ 2 × 乳糖（PS16）＝乳製品中的有感糖

牛奶（乳糖 PS16）　　　　→ 49.05÷2×16% = 3.924
動物性鮮奶油（乳糖 PS16）　→ 9.86÷2×16% = 0.7888
脫脂奶粉（乳糖 PS16）　　　→ 33.95÷2×16% = 2.716
蔗糖（PS100）　　　　　　→ 110×100% = 110
葡萄糖（PS47）　　　　　　→ 85×81%×47% = 32.3595
右旋糖（PS74）　　　　　　→ 20×95%×74% = 14.06

| 有感糖 | → 3.924+0.7888+2.716+110+32.3595+14.06 |
| | = 163.8483 → 16.4% |

計算後可得知，這款冰淇淋配方的有感糖是 16.4%。

油脂的轉換

油脂有各式各樣的類型與特色，比方奶油的風味一定比鮮奶油來得厚重，或者你也會發現動物性鮮奶油有各式各樣的％數，35%、40%、50%，味道也截然不同。以下將說明配方中如何將這些油脂互換，換成自己所喜愛的風味。

☆範例 1
1000g 的 35% 動物性鮮奶油→轉換成 82% 奶油
1000g 的 35% 動物性鮮奶油 = 350g 脂肪 + 58g 非脂固形物 + 592g 水
（參考 P67 附表 1）。

82% 奶油
油脂 = 350÷82% = 426.83g

換算 426.83×82% = 350g（相等）
由此可知→ 1000g 的 35% 動物性鮮奶油，等於 426.83g 的 82% 奶油的油脂。

☆範例 2
1000g 的 82% 奶油→轉換成 35% 動物性鮮奶油
1000g 的 82% 奶油 = 820g 油脂 + 19g 非脂固形物 + 161g 水

35% 動物性鮮奶油
油脂 = 820÷35% = 2342.85

換算
2342.85×35% = 820g（相等）
由此可知→ 1000g 的 82% 奶油，等於 2342.85g 的 35% 動物性鮮奶油的油脂。

凍糕 Semifreddo

「Semifreddo」是一個義大利詞，意思是半冷或半凍。很多甜品店或咖啡店都有製作慕斯蛋糕的經驗，「凍糕」就像是慕斯蛋糕不加吉利丁，有更高的糖分、更多的空氣，與含量更高的脂肪，通常我們也會稱它為冰淇淋。

就算冷凍在 -20℃的冰箱，拿出來時也很容易挖取。可以在沒有專門設備的情況下製作出來，在常規的冰淇淋製作中，需要不斷攪拌液體，並同時結冰，然而凍糕的製作方式卻不用。

鑽石冰 Granita

是一種非常簡單的冰沙。將原料加上水和糖冷凍，再取出來將結凍的表層搗碎，完成後是一種較有口感的粗糙質地，有點像是雪酪（sorbet）的變異版，通常由水果或是有酒精的利口酒製作，但是完全不加膠體（穩定劑），所以冰晶的顆粒會較為粗大，甜度落在 14%-22%Brix 之間。

素食冰淇淋 Vegan Ice Cream

唐納德·華生（Donald Watson）是「維根純素」一詞的發明人，現代人會因為各種原因而吃素，宗教信仰、保護動物、傳染病來源、健康……等。這個趨勢當然也直接影響世界各地的飲食，大家開始製作純素食物，義式冰淇淋也因為素食的食用者大增，進而慢慢的改變。大部分會改用米漿、豆漿、椰奶來製作，使其成為全素的冰淇淋，但是與使用動物油脂的冰淇淋相比，風味就較為薄弱，但是依然深受素食市場的喜愛。 而近代慢慢出現另一類的健身族群，對於高蛋白的使用量遽增，進而開始有人製作低糖、高蛋白的冰淇淋，也是另一個新興的市場。

霜淇淋 Soft Serve

目前在市場上以霜淇淋製品最為突出，因為使用方便、能快速製造，只要將調好的冰淇淋液體倒入機器中，按壓手把後就可以擠出柔軟的冰淇淋。但還是有幾個問題需要注意，比如說連續出冰的速度，小機型無法連續提供輸出，出完固定數量後需要等待一段時間，較大型的機台則可以連續不間斷的出冰。而霜淇淋在機器中，將會間斷性的持續攪拌，如果配方設計不良或是混合不均，很容易產生脂肪的顆粒，造成塌陷或粗大的冰晶。

霜淇淋的脂肪量

太低	小於 4%	呈現粗糙、砂質特性。
太高	約 12%	太黏口，脂肪容易分離，造成攪拌困難。

典型霜淇淋建議值

脂肪	5%–10%
無脂固形物	11%
糖	10%–14%
安定劑 / 乳化劑	0.4%
總固形物	25%–28%

如何品評義式冰淇淋

義式冰淇淋在 -10℃ 時，是最能釋放風味的溫度，所以當冰淇淋還在冰箱中硬邦邦的時候，先不要食用，風味會因為溫度太低而無法釋放。從外觀也可以看出端倪，質地是不是光滑細緻？或是看起來就非常粗糙。

食用時，建議使用薄型湯匙，能讓風味更快速地散發。正常來說，應該要有前中後味；一入口，融化中，融化後這三個階段，緊閉嘴巴，使香氣蔓延至鼻腔，感受它的香氣風味。

大家一定要記得，多多嘗試各種不同風味的食材。大腦的運作有三個步驟：
1. 搜尋、2. 分析、3. 記憶，也就是說，如果你吃過、理解的食材夠豐富，那麼大腦中的記憶便存載有更多搭配經驗值，所以味覺是要訓練的。

最後

我認為冰淇淋師傅是一個藝術家，你可以很有個人特色與風格，加上冰又是一個相當直接的產品，放了什麼食材就會呈現什麼，這也是我不斷地想表達的，無論是持續的改變突破，或者是堅守著傳統，我認為都沒有固定標準。 因此鼓勵大家跳出框框，做出突破，每一次的跨越一定會學習到很多經驗。沒有什麼不可能，一定要嘗試過後才知道。

其實不管是什麼樣的口味、質地、狀態，只要消費者喜愛，那麼就是成功的，並不是說你把名店的配方拿來販售就一定大賣，慢慢地累積，慢慢地培養，不斷地吸取經驗，淘汰掉不受歡迎的口味，增加銷路好的口味，才能一步一步地維持下去。

總之，在製作的時候，香料想炒就炒，堅果想烤就烤，水果想加熱就加熱，食材想過篩就過篩，浸泡的、加熱的、真空的等等技法，一切取決於自己的想像與決定。
自己要的是什麼？自己想像的是什麼，這才是最重要的。

有規則是規則，無規則也是規則！
大多數製作完冰品，最常遇到的問題一定都是：冰太硬或太軟，這裡列出了影響軟硬程度的主要原因，希望讓大家能迅速地找到配方的問題，而加以改善。

快速理解各素材對冰淇淋的影響

素材	數值	冰的狀態
動物性脂肪	高	硬
蔗糖	高	軟
水	高	硬
酒精	高	軟
可可脂	高	硬

附表 1

材料成分比例參考（單位 100%）

品項	糖	油脂	無脂固形物	其他固形物	固形物總和
水					0
全脂牛奶		3.6	9		12.5
半脂牛奶		1.8	9		10.8
脫脂牛奶		0.2	9		9.2
全脂奶粉		26	70		96
脫脂奶粉		1	97		98
動物性鮮奶油 35%		35	5.8		40.8
動物性鮮奶油 38%		38	5.6		43.6
奶油		82	1.9		83.9
鹽					100
砂糖	100				100
右旋糖粉	95				95
葡萄糖粉	81				81
海藻糖	90				90
轉化糖	75				75
麥芽糊精	96				96
全蛋		14		11	25
蛋黃		30		20	50
穩定劑				100	100
榛果醬		65		35	100
杏仁醬		60		40	100
開心果醬		50		50	100

附表 2

水果成分參考（單位 100%）

品項	糖	其他固形物	固形物總和
西瓜	6	5	11
鳳梨	12	9	21
橘子	8	8	16
香蕉	15	8	23
櫻桃	10	6	16
無花果	8	7	15
草莓	9	4	13
奇異果	9	3	12
覆盆子	14	3	17
檸檬	9	1	10
小橘子	12	8	20
蘋果	13	6	19
哈密瓜	8	5	13
西洋梨	9	6	15
葡萄柚	7	6	13
桃子	8	9	17
葡萄	14	5	19
芭樂	7	15	22
火龍果	11	15	26

附表 3

Sorbet 中水果的建議添加值

品項	建議值
檸檬	25%-35%
百香果	30%-45%
黑醋栗	40%-50%
紅醋栗	35%-45%
覆盆子	45%-55%
草莓	35%-60%
鳳梨	45%-60%
橘子	55%-60%
小橘子	45%-55%
杏桃	50%-60%
桃子	50%-60%
西洋梨	50%-60%
桑椹	45%-55%
香蕉	50%-60%
奇異果	40%-60%
芒果	40%-60%
酸櫻桃	40%-50%
李子	40%-55%
葡萄柚	35%-50%
哈密瓜	40%-60%
藍莓	45%-55%

GELATO

經典大溪地香草
Glace à la vanille de Tahiti

→ Gelato

最經典的傳統香草配方，選用大溪地香草，有著茴香與焦糖的風味。配方中因使用蛋黃，會使整體風味更加濃郁厚實，這也是為什麼常見的香草冰淇淋都偏黃色（並非添加色素）；蛋黃經加熱後，味道更為溫和，並且能去除蛋的腥味、增加甜味。

1 將材料 B（乾粉類）混合在一起，攪拌均勻。
2 將材料 A 一起倒入手鍋，攪拌均勻，加熱至 45℃ ~ 50℃，之後加入 B，不斷攪拌，加熱到 85℃。熄火後再持續攪拌 30 秒。
3 過篩後，倒入消毒過的容器中，進行均質，隔冰塊降溫，盡快讓它冷卻至 4℃，在冷藏中靜置約 6 小時，使之香氣風味熟成。
4 靜置後，將冰淇淋液體再一次均質，之後倒入冰淇淋機中製冰。成品保存在 -20℃的冷凍冰箱。

→ POINT
雖然香草莢在國外多常溫保存，但因台灣濕度高，天氣溫差大，還是建議將香草莢真空包裝密封好，或者放入密封罐中，冷凍保存。

A	g	B	g
全脂牛奶	545	脫脂奶粉	35
動物性鮮奶油 35%	170	蔗糖	110
蛋黃	30	葡萄糖粉	85
香草莢	1/3 支	右旋糖粉	20
		膠體	5
		Total	1000

焦糖鹽之花
Glace aux caramel et fleur de sel

→ Gelato　　焦糖和冰淇淋是非常好的搭配，香氣混合著奶香、微苦與甜味，是非常受歡迎的口味。而鹽之花非常特別，結晶如花朵般美麗，吃進嘴裡的鹽之花不會馬上融化，能感受到它的濕潤及脆度，鹹味醇厚中帶點輕柔，鹹鹹甜甜相當的美味。

1　將材料 B（乾粉類）混合在一起，攪拌均勻。
2　將材料 A 混合均勻，倒入手鍋，加熱至 45℃ ~ 50℃，之後加入 B，不斷攪拌，加熱到 85℃。熄火後再持續攪拌 30 秒。
3　倒入消毒過的容器中進行均質，隔冰塊降溫，盡快讓它冷卻至 4℃，在冷藏中靜置約 6 小時，使之香氣風味熟成。
4　靜置後，將冰淇淋液體再一次均質，之後倒入冰淇淋機中製冰，在出冰的時候，將焦糖醬擠在冰上，稍微攪拌。成品保存在 -20℃的冷凍冰箱。

→　**焦糖醬**
1　將動物性鮮奶油加熱至 80℃，備用。
2　葡萄糖漿、蔗糖加入鍋中，煮至琥珀色焦糖狀，之後分次沖入熱的鮮奶油（小心沸騰狀態容易噴濺），混合後確認溫度降至 35℃，加入奶油，最後放適量鹽之花。

→　POINT
1　冰淇淋加入焦糖醬時，切勿攪拌過度，太均勻就做不出明顯的大理石紋路。
2　使用鹽之花時，一般不會直接加入食物中烹調，而是最後才撒上去，增加風味亮點。

A	g
全脂牛奶	545
動物性鮮奶油 35%	200

B	g
脫脂奶粉	33
蔗糖	110
葡萄糖粉	85
右旋糖粉	20
膠體	5
鹽之花	2
Total	1000

焦糖醬	g
動物性鮮奶油 35%	300
葡萄糖漿	40
蔗糖	110
奶油	40
鹽之花	QS

酸掉的奶
Glace à la sour cream

在歐洲的時候很常吃到酸奶，不管是早餐、中餐、晚餐，基本上都會遇到，吃法非常多，無論新鮮水果或果醬都能很好地搭配。這裡是一個原味配方，大家也可以在食用時添加各式的果醬、水果或堅果，增加風味和口感變化。

1　將材料 B（乾粉類）混合在一起，攪拌均勻。
2　將材料 A 混合均勻，倒入手鍋，加熱至 45℃ ~ 50℃，之後加入 B，不斷攪拌，加熱到 85℃。熄火後再持續攪拌 30 秒。
3　倒入消毒過的容器中，進行均質，隔冰塊降溫，盡快讓它冷卻至 4℃，在冷藏中靜置約 6 小時，使之香氣風味熟成。
4　靜置後，將冰淇淋液體再一次均質，之後倒入冰淇淋機中製冰，等溫度到達 0℃ 的時候，加入 C。成品保存在 -20℃ 的冷凍冰箱。

→　**POINT**
如果希望保留酸奶中的活菌養分，可以等冰淇淋液加熱完並降溫，最後再加入酸奶，味道會更加明亮。

A	g
全脂牛奶	210
動物性鮮奶油 35%	100
酸奶	435

B	g
脫脂奶粉	50
蔗糖	75
葡萄糖粉	35
右旋糖粉	80
膠體	5

C	g
檸檬汁	10
Total	1000

鹹花生
Glace aux cacahuètes salées

鹹甜的冰淇淋,是我一直很想傳達給大家的一種味道,鹹焦糖、鹹花生是目前接受度比較高的口味,但還有更多鹹甜的風味組合都非常美妙,鹽可以讓食物風味變得更加鮮明,希望以此與大家一起激盪出鹹味冰淇淋的更多可能。

1   將材料 B(乾粉類)混合在一起,攪拌均勻。
2   將材料 A 混合均勻,倒入手鍋,加熱至 45℃～50℃,之後加入 B,不斷攪拌,加熱到 85℃。熄火後再持續攪拌 30 秒。
3   倒入消毒過的容器中,進行均質,隔冰塊降溫,盡快讓它冷卻至 4℃,在冷藏中靜置約 6 小時,使之香氣風味熟成。
4   靜置後,將冰淇淋液體再一次均質,之後倒入冰淇淋機中製冰。成品保存在 -20℃的冷凍冰箱。

→   **POINT**
為了增添口感,也可以加入些許烤過的花生碎粒在冰淇淋裡。

A	g	B	g
全脂牛奶	601	脫脂奶粉	30
動物性鮮奶油 35%	150	蔗糖	90
100% 花生醬	60	右旋糖粉	60
		膠體	4
		鹽	5
		Total	1000

經典可可
Glace aux chocolat

→ Gelato

巧克力的香氣及微苦味，對許多人來說都充滿魅力，這裡使用了兩種巧克力：可可粉和鈕釦巧克力。可可粉能帶來一入口的苦澀味；而鈕釦巧克力能讓尾韻產生圓潤口感，並且帶有更多巧克力的特殊風味，例如烘烤香氣及香料，或者是果酸香，非常吸引人。

1   將材料 B（乾粉類）混合在一起，攪拌均勻。
2   將材料 A 混合均勻，倒入手鍋，加熱至 45℃～50℃，之後加入 B，不斷攪拌，加熱到 94℃。熄火後再持續攪拌 30 秒。
3   巧克力鈕釦和轉化糖漿一起放入容器，倒進步驟 2 熱的冰淇淋液，放置 20 秒，使巧克力稍微融化後再進行均質，隔冰塊降溫，盡快冷卻至 4℃。
4   在冷藏中靜置約 6 小時，使之香氣風味熟成。
5   靜置後，將冰淇淋液體再一次均質，之後倒入冰淇淋機中製冰。成品保存在 -20℃的冷凍冰箱。

→   POINT
鈕釦調溫巧克力不適合高溫加熱，所以額外取出來，用液體的熱度來融化它，稍微靜置之後再做均質，不然未融化的巧克力直接均質很容易傷害到均質機。

A	g		B	g		C	g
全脂牛奶	540		脫脂奶粉	30		70% 巧克力鈕釦	120
動物性鮮奶油 35%	120		可可粉	30		轉化糖	25
			蔗糖	30			
			右旋糖粉	100		Total	1000
			膠體	5			

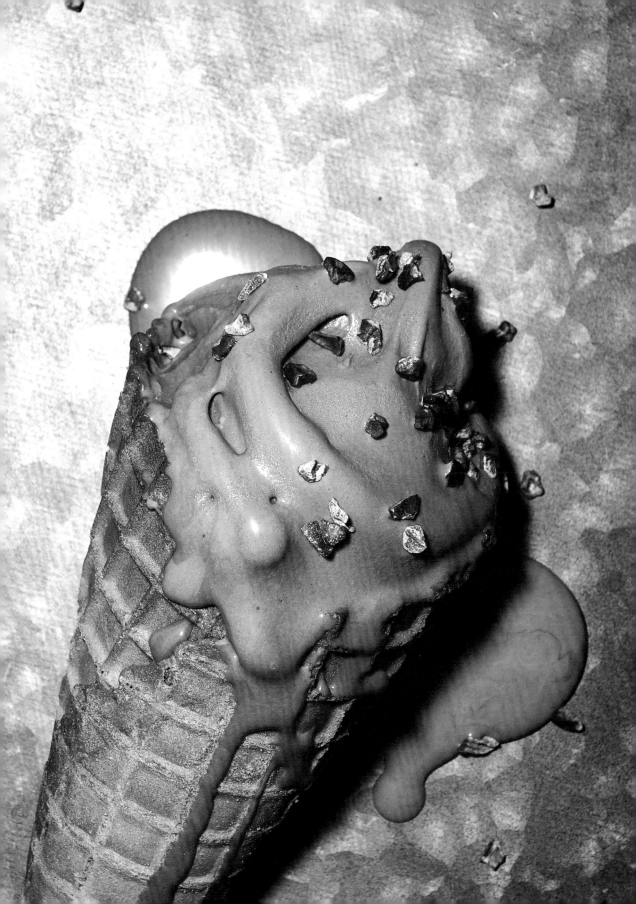

白帥帥

Glace aux sésames blanc

→ Gelato

芝麻含有許多健康元素，常見到的冰淇淋做法多是使用黑芝麻，在這個配方中我則選擇了白芝麻，風味會更加圓潤飽滿，非常適合用來做冰淇淋。

1　將材料 B（乾粉類）混合在一起，攪拌均勻。

2　將材料 A 混合均勻，倒入手鍋，加熱至 45℃～50℃，之後加 B，不斷攪拌，加熱到 85℃。熄火後再持續攪拌 30 秒。

3　倒入消毒過的容器中，進行均質，隔冰塊降溫，盡快讓它冷卻至 4℃，在冷藏中靜置約 6 小時，使之香氣風味熟成。

4　靜置後，將冰淇淋液體再一次均質，之後倒入冰淇淋機中製冰。成品保存在 -20℃的冷凍冰箱。

→　POINT

選擇白芝麻或黑芝麻都可以。這裡以芝麻醬製作，是希望讓冰淇淋的口感更細緻，如果直接用芝麻粒，因殼的部分很難將其完全變成粉末狀，吃起來會有沙沙的口感，假使你喜歡這種口感就無妨，皆可嘗試。

A	g	B	g
全脂牛奶	605	脫脂奶粉	20
動物性鮮奶油 35%	130	蔗糖	100
白芝麻醬	80	右旋糖粉	60
		膠體	5
		Total	1000

紅桃烏龍奶茶
Glace aux thé oolong et pêche blanche

→ Gelato

某天在逛超市的時候，發現飲料區多了一個新口味「紅桃烏龍奶茶」，我看了一下，發現果汁含量很低，當下就想著，如果用真實的水果來製作，桃子加上烏龍茶一定是一個大家會很喜歡的風味，這個配方就此誕生。後來發現，其實處處留心皆學問，很多的搭配靈感都能用來做成冰淇淋，真的是非常有趣。

1 首先將全脂牛奶加熱至沸騰，倒入烏龍茶葉，再繼續加熱至沸騰，浸泡 15 分鐘後，過篩。回秤牛奶重量，補足牛奶有 420g，最後與鮮奶油混合。
2 將材料 B（乾粉類）混合在一起，攪拌均勻。
3 將步驟 1 倒回手鍋，加熱至 45℃ ~ 50℃，之後加入 B，不斷攪拌，加熱到 85℃。熄火後再持續攪拌 30 秒。
4 倒入消毒過的容器中，進行均質，隔冰塊降溫，盡快讓它冷卻至 4℃，在冷藏中靜置約 6 小時，使之香氣風味熟成。
5 靜置後，將冰淇淋液體加入 C 再一次均質，之後倒入冰淇淋機中製冰。成品保存在 -20℃的冷凍冰箱。

→ POINT
1 牛奶回秤這個步驟很重要！因為加熱過程中，很多水分會被茶葉吸收，若沒有回秤後補足牛奶，做出來的冰淇淋，水的份量將不足，變成很軟的狀態。
2 烏龍茶要選擇重烘焙的，味道香氣才足夠。

A	g
全脂牛奶	420
動物性鮮奶油 35%	145
烏龍茶葉	20

B	g
脫脂奶粉	40
蔗糖	90
葡萄糖粉	50
右旋糖粉	50
膠體	5

C	g
紅桃果泥	200
Total	1020

→ Gelato

這是一個很有趣的口味！當香蕉剝開接觸到空氣後，很快就會褐變，如果只單純做香蕉冰淇淋，顏色會變成不討喜的土黃色，因此我們把配方中的糖換成更有個性的黑糖，不僅風味多了一個層次，也讓香蕉褐變後的顏色更合乎常理。

1 將材料 B（乾粉類）混合在一起，攪拌均勻。
2 將材料 A 混合均勻，倒入手鍋，加熱至 45℃ ~ 50℃，之後加入 B，不斷攪拌，加熱到 85℃。熄火後再持續攪拌 30 秒。
3 倒入消毒過的容器中，進行均質，隔冰塊降溫，盡快讓它冷卻至 4℃，在冷藏中靜置約 6 小時，使之香氣風味熟成。
4 靜置後，將冰淇淋液體加入 C 再一次均質，之後倒入冰淇淋機中製冰。成品保存在 -20℃的冷凍冰箱。

→ POINT

1 香蕉很容易因為接觸空氣而氧化，我們只能延緩它的褐變，並無法完全阻止，所以設計配方時，可利用黑糖、焦糖或是巧克力等素材，讓它理所當然地變成褐色。
2 通常會選用較為成熟、開始長黑斑的香蕉，此時的風味、甜味和香氣，都是最佳的時候。

A	g	B	g	C	g
全脂牛奶	380	脫脂奶粉	30	黃檸檬汁	5
動物性鮮奶油 35%	190	黑糖	80	人頭馬風之島蘭姆酒 54%	10
香蕉果泥	230	葡萄糖粉	30		
		右旋糖粉	40	Total	1000
		膠體	5		

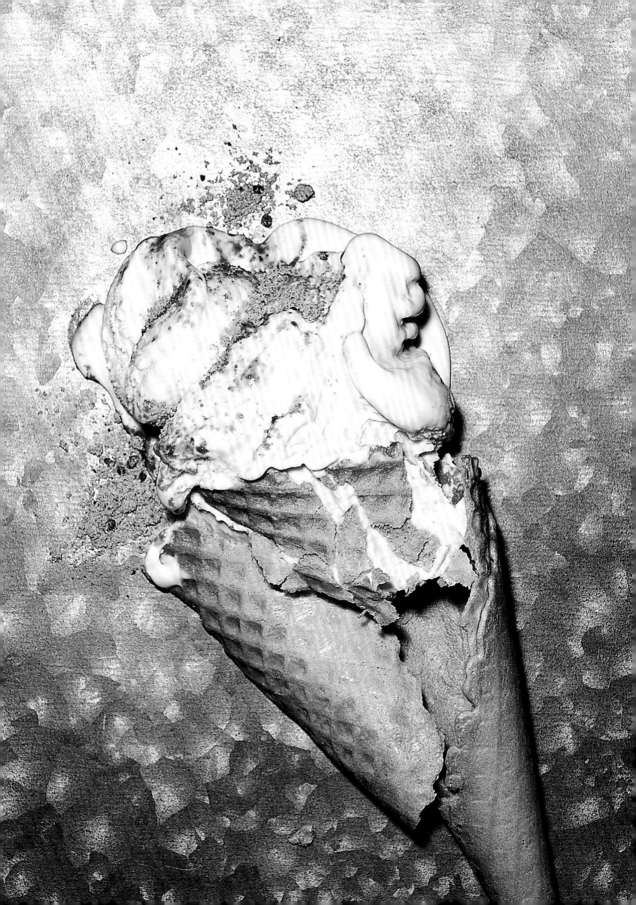

草莓扭奶
Glace au lait et coulis de fraises

→ Gelato

草莓牛奶是非常受歡迎的口味。如果將草莓直接加入牛奶冰淇淋，果香會被牛奶掩蓋，所以另外製作了草莓果醬，最後拌入可使草莓風味更加強烈，食用時因為多了果醬搭配，帶來更多層次上的變化，色澤也有漂亮的大理石紋路，相當吸引人。

1   先製作草莓果醬：將蔗糖和果膠混合均勻；草莓果泥、果粒倒入手鍋，加熱至40℃後，慢慢加入混合好的蔗糖和果膠，煮至沸騰，熄火後，冷藏備用。
2   將材料 B（乾粉類）混合在一起，攪拌均勻。
3   將材料 A 混合均勻，倒入手鍋，加熱至 45℃～50℃，之後加入 B，不斷攪拌，加熱到 85℃。熄火後再持續攪拌 30 秒。
4   過篩後，倒入消毒過的容器中，進行均質，隔冰塊降溫，盡快讓它冷卻至 4℃，在冷藏中靜置約 6 小時，使之香氣風味熟成。
5   靜置後，將冰淇淋液體再一次均質，之後倒入冰淇淋機中製冰。
6   出冰的時候，將草莓果醬擠在冰淇淋上，稍微攪拌（注意不要過度），做出大理石紋。成品保存在 -20℃的冷凍冰箱。

→   POINT
果醬中的顆粒大小，可依照自己的喜好來決定，果泥和果粒的比例也可自由替換。

A	g
全脂牛奶	710
動物性鮮奶油 35%	105

B	g
脫脂奶粉	25
蔗糖	115
葡萄糖粉	20
右旋糖粉	20
膠體	5
Total	1000

草莓果醬	g
草莓果泥	355
草莓果粒	355
蔗糖	285
柑橘果膠	5
Total	1000

沙羅納夫人
Glace aux amandes

杏仁是在甜點中常使用到的元素,也是大家最能接受的一種堅果,這個配方中,我們多添加了杏仁酒,增加冰淇淋的果實風味,也會讓冰變得更加溫潤。

1   將材料 B(乾粉類)混合在一起,攪拌均勻。
2   將材料 A 混合均勻,倒入手鍋,加熱至 45℃ ~ 50℃,之後加入 B,不斷攪拌,加熱到 85℃。熄火後再持續攪拌 30 秒。
3   倒入消毒過的容器中,進行均質,隔冰塊降溫,盡快讓它冷卻至 4℃,在冷藏中靜置約 6 小時,使之香氣風味熟成。
4   靜置後,將冰淇淋液體加入 C 再一次均質,之後倒入冰淇淋機中製冰。成品保存在 -20℃的冷凍冰箱。

→   POINT
建議大家使用帶皮的杏仁,能使冰淇淋顏色更加接近堅果色,也能賦予更多果實的香氣層次。

A	g
全脂牛奶	685
動物性鮮奶油 35%	55
100% 杏仁醬	90

B	g
脫脂奶粉	20
蔗糖	90
右旋糖粉	35
膠體	5

C	g
杏仁酒	20
Total	1000

荔枝爺爺
Glace au lait de noix de coco et litchis

→ Gelato

這是一個我在參加世界賽時使用的配方,希望表現的方式是,一入口,荔枝風味就爆炸性地充滿口腔,之後再由椰奶慢慢收尾,呈現很明確的兩段風味,尤其荔枝是很有台灣特色的水果,還帶有淡淡的酸味,都大大提升了這款冰淇淋的獨特,讓人印象深刻。

1   將材料 B(乾粉類)混合在一起,攪拌均勻。
2   將材料 A 混合均勻,倒入手鍋,加熱至 45℃ ~ 50℃,之後加入 B,不斷攪拌,加熱到 85℃。熄火後再持續攪拌 30 秒。
3   倒入消毒過的容器中,進行均質,隔冰塊降溫,盡快讓它冷卻至 4℃,在冷藏中靜置約 6 小時,使之香氣風味熟成。
4   靜置後,將冰淇淋液體加入 C 再一次均質,之後倒入冰淇淋機中製冰。成品保存在 -20℃的冷凍冰箱。

→   POINT
大部分的時候,我們會認為果泥不能加熱,但其實很多水果也是很適合加熱製作的,像這裡使用的椰奶,加熱之後更能夠提升香氣和其本身的味道。

A	g
全脂牛奶	410
動物性鮮奶油 35%	120
椰奶	140

B	g
脫脂奶粉	20
蔗糖	70
葡萄糖粉	40
右旋糖粉	25
膠體	5

C	g
荔枝果泥	170
Total	1000

榛好味

Glace aux noisettes

榛果是義大利的特產，而皮埃蒙特榛果（Piedmont Hazelnuts ）更是義大利頂級的榛果，除了果實較大外，風味和香氣也比較強烈，是義大利冰淇淋店必備的口味。

1　將材料 B（乾粉類）混合在一起，攪拌均勻。

2　將材料 A 混合均勻，倒入手鍋，加熱至 45℃～50℃，之後加入 B，不斷攪拌，加熱到 85℃。熄火後再持續攪拌 30 秒。

3　倒入消毒過的容器中，進行均質，隔冰塊降溫，盡快讓它冷卻至 4℃，在冷藏中靜置約 6 小時，使之香氣風味熟成。

4　靜置後，將冰淇淋液體再一次均質，之後倒入冰淇淋機中製冰。成品保存在 -20℃ 的冷凍冰箱。

→　POINT

建議大家使用帶皮榛果，除了能使做出來的冰淇淋成色更接近堅果色，也可讓風味層次再豐富一些。或者試試使用榛果醬、榛果粉、榛果粒，都會帶來不同效果。

A	g
全脂牛奶	570
動物性鮮奶油 35%	130
蛋黃	20
100% 榛果醬	90

B	g
脫脂奶粉	25
蔗糖	75
葡萄糖粉	40
右旋糖粉	45
膠體	5
Total	1000

白米職人
Glace aux miso

→ Gelato

味噌風味的冰淇淋，給人強烈的日式風格感，究竟嚐起來是什麼味道，也讓人非常好奇。我們測試過很多種味噌，最後選擇台灣人最易接受的白味噌來製作，風味清爽，富有香氣。在使用二砂的情況下，另有淡淡的太妃糖香氣，鹹甜鹹甜的讓人印象深刻。

1　　將材料 B（乾粉類）混合在一起，攪拌均勻。

2　　將材料 A 混合均勻，倒入手鍋，加熱至 45℃～50℃，之後加入 B，不斷攪拌，加熱到 85℃。熄火後再持續攪拌 30 秒。

3　　倒入消毒過的容器中進行均質，隔冰塊降溫，盡快讓它冷卻至 4℃，在冷藏中靜置約 6 小時，使之香氣風味熟成。

4　　靜置後，將冰淇淋液體再一次均質，之後倒入冰淇淋機中製冰。成品保存在 -20℃的冷凍冰箱。

→　　POINT

白米味噌的風味較為柔和，一般人接受度高，如果希望風味更強烈，可考慮用紅米味噌，或其他味道更有個性、濃厚的味噌，都是可以嘗試的選項。

A	g
全脂牛奶	640
動物性鮮奶油 35%	120
白米味噌	60

B	g
脫脂奶粉	30
黃糖	125
右旋糖粉	20
膠體	5
Total	1000

Boss 不開心
Glace à la pistache

提到義大利，不能沒有開心果，尤其是西西里島特產的開心果，帶有淡淡的鹹味，濃郁、滑順，在全球的冰店中，幾乎可說是排名前三的人氣口味，一入口即是牛奶濃純香氣跟開心果濃濃的堅果味，韻味相當迷人。

1　將材料 B（乾粉類）混合在一起，攪拌均勻。

2　將材料 A 混合均勻，倒入手鍋，加熱至 45℃～50℃，之後加入 B，不斷攪拌，加熱到 85℃。熄火後再持續攪拌 30 秒。

3　倒入消毒過的容器中進行均質，隔冰塊降溫，盡快讓它冷卻至 4℃，在冷藏中靜置約 6 小時，使之香氣風味熟成。

4　靜置後，將冰淇淋液體加入 C 再一次均質，之後倒入冰淇淋機中製冰。成品保存在 -20℃的冷凍冰箱。

→　**POINT**

選用不同產地的開心果，會直接影響風味的呈現，價格落差也很大，目前在台灣主要能取得的開心果，產地多為伊朗、土耳其，義大利的相對來說比較少。這個配方用的是來自西西里島的開心果，除了味道比較濃郁，也會帶點鹹鹹的別緻風味。

A	g
全脂牛奶	575
動物性鮮奶油 35%	140
100% 西西里開心果醬	90

B	g
脫脂奶粉	26
蔗糖	75
葡萄糖粉	35
右旋糖粉	50
膠體	5
鹽	2

C	g
抹茶粉	2
Total	1000

藍莓希臘優格
Glace aux yaourts et couils de myrtilles

藍莓與優格是日常甜點中的絕佳搭配，含有許多對身體良好的成分，將這個組合製作成冰時，一樣是非常受歡迎的口味。先準備簡單的藍莓果醬，再以檸檬汁增加酸味，風味將更突出；而藍莓是非常適合加熱的水果，加熱過後風味會變得更強烈，顏色上也會讓紫色更加鮮豔。

1	先製作藍莓果醬：蔗糖和果膠混合均勻，將藍莓和黃檸檬汁倒入手鍋，加熱至 40℃，慢慢加入果膠＋糖，煮至沸騰，熄火後放涼，冷藏備用。
2	將材料 B（乾粉類）混合在一起，攪拌均勻。
3	將材料 A 混合均勻，倒入手鍋，加熱至 45℃～50℃，之後加入 B，不斷攪拌，加熱到 85℃。熄火後再持續攪拌 30 秒。
4	倒入消毒過的容器中進行均質，隔冰塊降溫，盡快讓它冷卻至 4℃，在冷藏中靜置約 6 小時，使之香氣風味熟成。
5	靜置後，將冰淇淋液體再一次均質，之後倒入冰淇淋機中製冰。溫度到達 0℃時，再加入 C。
6	在出冰的時候，將藍莓果醬擠在冰上，稍微攪拌成大理石狀（注意不要過度攪拌）。將成品保存在 -20℃的冷凍冰箱。

→ **POINT**

如果在製作上，希望保留更多希臘優格的營養，可以等其他材料加熱完並降溫，最後再混合優格，如此完成的冰淇淋會有更加明亮的優格風味。

A	g
全脂牛奶	410
動物性鮮奶油 35%	50
希臘優格	375

B	g
蔗糖	120
右旋糖粉	30
膠體	5

C	g
檸檬汁	10
Total	1000

藍莓果醬	g
藍莓	300
黃檸檬汁	68
蔗糖	130
柑橘果膠	2
Total	500

胡桃鉗

Glace aux noix

→ Gelato

胡桃常用於美式甜點，最常出現在聖誕佳節，堅果的馥郁香氣，總能為寒冷的冬日帶來溫暖與力量，讓人一口接一口。胡桃咀嚼後會有淡雅的奶香與甜味，但是要記得，搭配胡桃的甜品一定要做得稍微甜一些，才能使胡桃風味更加釋放。

1　先將胡桃烤過，150℃，約 15 分鐘，放涼後打碎備用。
2　將材料 B（乾粉類）混合在一起，攪拌均勻。
3　將材料 A 混合均勻，倒入手鍋，加熱至 45℃ ~ 50℃，之後加入 B，不斷攪拌，加熱到 85℃。熄火後再持續攪拌 30 秒。
4　倒入消毒過的容器中，進行均質，隔冰塊降溫，盡快讓它冷卻至 4℃，在冷藏中靜置約 6 小時，使之香氣風味熟成。
5　靜置後，將冰淇淋液體再一次均質，之後倒入冰淇淋機中製冰。成品保存在 -20℃的冷凍冰箱。

→　**POINT**

配方中選用楓糖，是為了賦予冰淇淋更多冬天印象的香味與氣息。楓糖自己帶有一種自然的酸味，甜中帶點酸，還有些許花香與核果香，能讓冰淇淋的香氣更醇厚。

A	g	B	g
全脂牛奶	580	脫脂奶粉	35
動物性鮮奶油 35%	140	楓糖粉	100
烤胡桃	80	右旋糖粉	60
		膠體	5
		Total	1000

→ Gelato

馬斯卡邦起司（Mascarpone）含有大量的乳脂肪，因此口感濃厚滑順，帶有一點點自然的甜味，加入濃縮咖啡和咖啡酒後，最後在冰淇淋表面撒滿可可粉，讓各種美妙的食材既融合又各有豐富口感。

1　將材料 B（乾粉類）混合在一起，攪拌均勻。

2　將材料 A 混合均勻，倒入手鍋，加熱至 45℃ ~ 50℃，之後加入 B，不斷攪拌，加熱到 85℃。熄火後再持續攪拌 30 秒。

3　倒入消毒過的容器中，進行均質，隔冰塊降溫，盡快讓它冷卻至 4℃，在冷藏中靜置約 6 小時，使之香氣風味熟成。

4　靜置後，將冰淇淋液體加入濃縮咖啡再一次均質，之後倒入冰淇淋機中製冰。成品保存在 -20℃的冷凍冰箱。

5　最後展示時或販售的時候，撒上可可粉。

→　POINT

1　使用濃縮咖啡的層次會是最好的，能帶出更多細微的風味，濃縮液萃取出來後要盡快使用，不然風味會一直轉變。

2　傳統的方式是撒上可可粉，如果要做一些變化，也可以刨巧克力屑搭配。

A	g
全脂牛奶	500
脫脂奶粉	55
蛋黃	20
馬斯卡邦起司	250

B	g
蔗糖	40
右旋糖粉	100
膠體	5

C	g
濃縮咖啡	30

Total	1000

→ Gelato

在義大利，橄欖油就是日常生活的一部分，當然冰淇淋店也會有橄欖油口味，但在台灣，這不是我們熟悉的味道，因此在選擇油品上要相當注意，建議選用味道清淡一些，不要這麼厚重的油品來製作，接受度會比較高。

1　將材料 B（乾粉類）混合在一起，攪拌均勻。

2　將材料 A 混合均勻，倒入手鍋，加熱至 45℃～50℃，之後加入 B，不斷攪拌，加熱到 85℃。熄火後再持續攪拌 30 秒。

3　倒入消毒過的容器中，進行均質，隔冰塊降溫，盡快讓它冷卻至 4℃，在冷藏中靜置約 6 小時，使之香氣風味熟成。

4　靜置後，將冰淇淋液體加入 C 再一次均質，之後倒入冰淇淋機中製冰。成品保存在 -20℃ 的冷凍冰箱。

→　**POINT**
這裡選用 O-MED 阿貝金納特級初榨橄欖油，這款油品帶有特殊的清香味，類似青草、甘蔗的味道，也不會太厚重；再加上將所需糖量的部分換成黃糖，使風味多了點太妃糖的感覺，讓一般人更容易接受這個口味。

A	g	B	g	C	g
全脂牛奶	610	脫脂奶粉	45	橄欖油	55
動物性鮮奶油 35%	105	蔗糖	70	檸檬皮屑	QS
		黃糖	45		
		葡萄糖粉	45	Total	1000
		右旋糖粉	20		
		膠體	5		

起司蛋糕
Glace aux cream cheese

→ Gelato

這個口味是台灣人非常喜愛、接受度也很高的一款，在奶油乳酪的挑選上，日本製的偏向清爽，歐洲製則相對厚重些，不同的種類，風味上也會有明顯差異。將市售餅乾直接打碎拌入，更可感受到冰涼版本的起司蛋糕風味。

1　將材料 B（乾粉類）混合在一起，攪拌均勻。
2　將材料 A 混合均勻，倒入手鍋，加熱至 45℃ ~ 50℃，之後加入 B，不斷攪拌，加熱到 85℃。熄火後再持續攪拌 30 秒。
3　倒入消毒過的容器中，進行均質，隔冰塊降溫，盡快讓它冷卻至 4℃，在冷藏中靜置約 6 小時，使之香氣風味熟成。
4　靜置後，將冰淇淋液體再一次均質，之後倒入冰淇淋機中製冰；等溫度到達 0℃時，加入 C。成品保存在 -20℃ 的冷凍冰箱。

→　POINT
　　完成的冰淇淋可依照自己喜好，加入餅乾碎，大部分的時候會選用消化餅乾來做搭配，吃起來更像甜點版的起司蛋糕。

A	g
全脂牛奶	510
脫脂奶粉	20
蛋黃	40
奶油乳酪	200

B	g
蔗糖	85
葡萄糖粉	40
右旋糖粉	80
膠體	5

C	g
黃檸檬汁	20

Total	1000

康圖酒
Glace au Cointreau

在法國時，曾受邀參觀康圖酒工廠，重新認識了橙酒的製程，在年代久遠的酒廠中，依舊保留著傳統做法，完全從橙皮提煉出來的康圖酒，甜中帶甘，並夾雜著特殊的香氣，淡淡的涼感。我特別喜歡橙酒和牛奶的搭配，散發淡淡的清香味，非常誘人。

1　　將材料 B（乾粉類）混合在一起，攪拌均勻。
2　　將材料 A 混合均勻，倒入手鍋，加熱至 45℃ ~ 50℃，之後加入 B，不斷攪拌，加熱到 85℃。熄火後再持續攪拌 30 秒。
3　　倒入消毒過的容器中，進行均質，隔冰塊降溫，盡快讓它冷卻至 4℃，在冷藏中靜置約 6 小時，使之香氣風味熟成。
4　　靜置後，將冰淇淋液體加入 C 再一次均質，之後倒入冰淇淋機中製冰。成品保存在 -20℃的冷凍冰箱。

→　　**POINT**
最後也可以再拌入一些糖漬橙丁，增加果肉咬感與風味。

A	g
全脂牛奶	590
動物性鮮奶油 35%	110
蛋黃	70

B	g
脫脂奶粉	35
蔗糖	80
葡萄糖粉	60
膠體	5

C	g
法國君度橙酒 60%	50
柑橘皮屑	5
Total	1000

微醺葡萄

Glace au rhum et raisin sec

→ Gelato

深受熱愛酒精系列冰淇淋的人喜歡，吃得到浸泡過蘭姆酒的葡萄乾，相當濕潤，並帶有口感，選用風之島蘭姆酒，其風味溫潤更帶有木質香氣，既香甜又香醇，是大人的風味。

1　先製作糖漬葡萄：葡萄乾洗淨後，和水、蔗糖一起放入鍋中，煮至葡萄乾變軟，再次加熱到沸騰之後，熄火加入蘭姆酒。（建議浸泡一天後再使用）

2　將材料 B（乾粉類）混合在一起，攪拌均勻。

3　將材料 A 混合均勻，倒入手鍋，加熱至 45℃ ~ 50℃，之後加入 B，不斷攪拌，加熱到 85℃。熄火後再持續攪拌 30 秒。

4　倒入消毒過的容器中，進行均質，隔冰塊降溫，盡快讓它冷卻至 4℃，在冷藏中靜置約 6 小時，使之香氣風味熟成。

5　靜置後，將冰淇淋液體再一次均質，之後加入 50g 瀝乾的糖漬葡萄，之後倒入冰淇淋機中製冰。成品保存在 -20℃的冷凍冰箱。

→　POINT

1　步驟 3 中將蘭姆酒一起加熱，是希望保留更多香氣，但酒精感不要太多，經過加熱剛好能讓酒精揮發；因為最後還會加入酒漬葡萄，味道已足夠強烈。

2　浸泡過的葡萄，記得濾掉多餘水分後再拌入冰淇淋，不然會有過多的糖水和酒溶入冰淇淋。

A	g
全脂牛奶	620
動物性鮮奶油 35%	150
人頭馬風之島蘭姆酒 54%	30

B	g
脫脂奶粉	40
蔗糖	110
葡萄糖粉	45
膠體	5

C	g
糖漬葡萄（瀝乾）	50
Total	1000

糖漬葡萄	g
葡萄乾	500
飲用水	500
蔗糖	350
人頭馬風之島蘭姆酒 54%	100

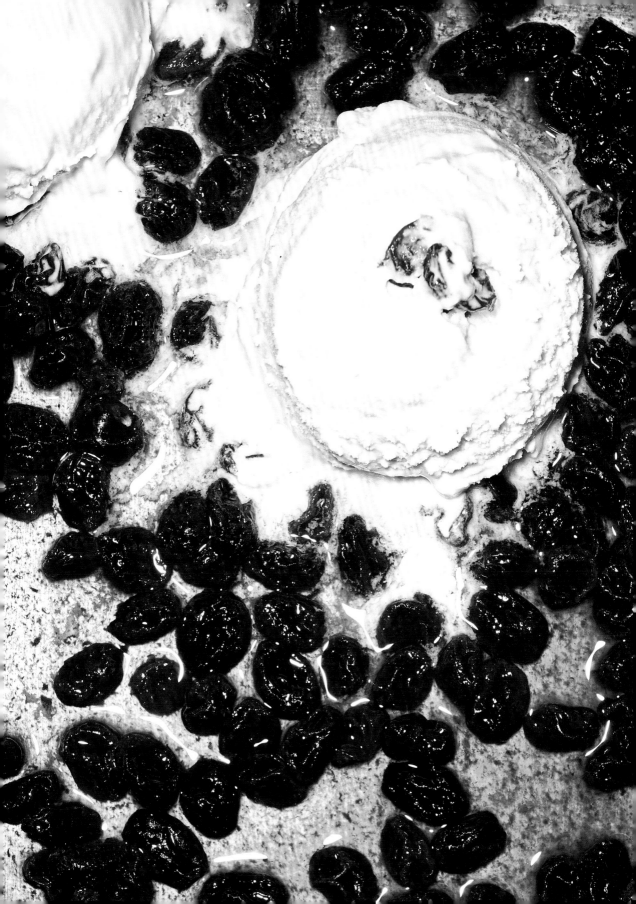

酪梨牛奶
Glace à l'avocat

→ Gelato

酪梨有「森林中的奶油」之稱，營養價值高，有助於抗氧化及增強免疫力，還會有飽足感，是很多健身、減重人的最愛。酪梨如果已經成熟，中間的籽很容易取下，如果不好取就表示還需要再放幾天；酪梨隨著成熟度，果皮會從綠色慢慢變黑色，基本上要是光滑細緻的，才是最好的狀態。

1　將材料 B（乾粉類）混合在一起，攪拌均勻。
2　將材料 A 混合均勻，倒入手鍋，加熱至 45℃～50℃，之後加入 B，不斷攪拌，加熱到 85℃。熄火後再持續攪拌 30 秒。
3　倒入消毒過的容器中，進行均質，隔冰塊降溫，盡快讓它冷卻至 4℃，在冷藏中靜置約 6 小時，使之香氣風味熟成。
4　靜置後，將冰淇淋液體加入 C 再一次均質，之後倒入冰淇淋機中製冰。成品保存在 -20℃的冷凍冰箱。

→　POINT
1　酪梨千萬不能加熱，加熱過後會出現鐵鏽味。
2　配方中的蜂蜜希望保留更清香的風味，所以最後等冰淇淋液冷卻後再與酪梨一起加入，故不經過加熱的步驟。

A	g
全脂牛奶	550
動物性鮮奶油 35%	60

B	g
脫脂奶粉	25
蔗糖	60
右旋糖粉	60
膠體	5

C	g
蜂蜜	40
酪梨	200
Total	1000

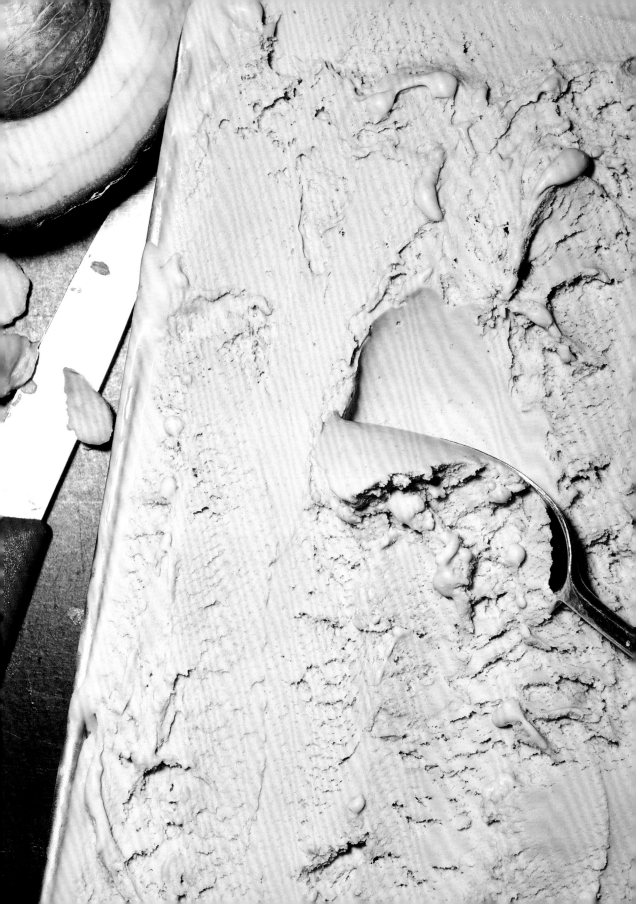

有記球型紅茶
Glace au thé noir « Wang »

→ Gelato

冰淇淋配方中因為有很大比例的糖和牛奶，茶的味道會受到很多影響，因此在選擇茶種時，盡量挑重發酵、重烘焙的茶葉來製作，風味上會比較明顯、突出，尾韻也會更厚重回甘。這裡選用的是大稻埕的有記紅茶。

1　首先將水加熱到沸騰，倒入茶葉，再加熱至沸騰，熄火浸泡 15 分鐘後過篩，回秤重量，補足水讓紅茶要有 170g。
2　將材料 C（乾粉類）混合在一起，攪拌均勻。
3　將步驟 1 + 材料 B 混合均勻，倒回手鍋，加熱至 45℃ ~ 50℃，之後加入 C，不斷攪拌，加熱到 85℃。熄火後再持續攪拌 30 秒。
4　倒入消毒過的容器中，進行均質，隔冰塊降溫，盡快讓它冷卻至 4℃，在冷藏中靜置約 6 小時，使之香氣風味熟成。
5　靜置後，將冰淇淋液體再一次均質，之後倒入冰淇淋機中製冰。成品保存在 -20℃的冷凍冰箱。

→　POINT
茶有很多種做法，無論浸泡或打成粉，呈現出來的效果都會不同。如果選用高山茶或綠茶，會建議使用 Sorbet 的做法，風味會比較明顯。

A	g
有記紅茶	30
水	170

B	g
全脂牛奶	470
動物性鮮奶油 35%	140

C	g
脫脂奶粉	30
蔗糖	55
葡萄糖粉	90
右旋糖粉	40
膠體	5
Total	1000

抹茶
Glace au thé vert matcha

→ Gelato

抹茶有各種等級與質地的分別，要特別留意，若是茶道使用的抹茶，味道往往更輕盈、輕飄，更為細緻，其實不適合拿來做冰，因為冰淇淋會添加糖分和牛奶，都會壓過茶味，讓這細微的味道消失；建議選擇風味較強烈的抹茶來製作。

1   將材料 B（乾粉類）混合在一起，攪拌均勻。
2   將材料 A 混合均勻，倒入手鍋，加熱至 45℃～50℃，之後加入 B，不斷攪拌，加熱到 85℃。熄火後再持續攪拌 30 秒。
3   倒入消毒過的容器中，進行均質，隔冰塊降溫，盡快讓它冷卻至 4℃，在冷藏中靜置約 6 小時，使之香氣風味熟成。
4   靜置後，將冰淇淋液體加入 C 再一次均質，之後倒入冰淇淋機中製冰。成品保存在 -20℃的冷凍冰箱。

→   POINT
抹茶對於溼度和溫度非常敏感，如果保存不當、失溫很容易氧化，變成黃褐色，做出來的冰淇淋就無法呈現漂亮的青綠色。要特別留意抹茶的存放方式，盡量不要照射到光線。

A	g
全脂牛奶	675
動物性鮮奶油 35%	100

B	g
脫脂奶粉	10
蔗糖	90
葡萄糖粉	45
右旋糖粉	50
膠體	5

C	g
抹茶	25
Total	1000

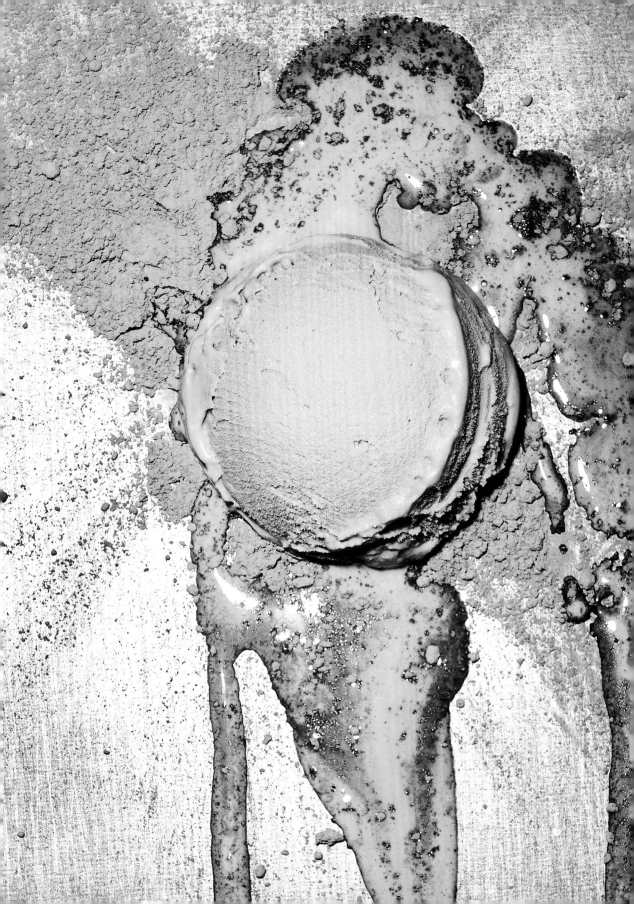

奶酒加咖啡
Glace a la liqueur BV Land malt cream

→ Gelato

這個配方的構想來自於「美酒加咖啡」！不用一般紅酒，而是選用奶酒。奶酒一直是容易入口、很受歡迎的酒品，大多會加冰塊飲用，因此我們直接把它做成冰的，再混合咖啡。並特別選用 BV 威士忌麥芽奶酒，讓冰淇淋整體除了有濃郁的咖啡味，更有甜蜜的奶香，最後尾韻是淡淡麥芽香，非常濃郁成熟的一款。

1　將咖啡豆敲碎，加入 300g 牛奶，一起加熱至沸騰，蓋上蓋子，燜 10 分鐘，過篩後，補足咖啡牛奶的份量需有 300g。
2　將材料 C（乾粉類）混合在一起，攪拌均勻。
3　將步驟 1 +材料 B 混合均勻，倒入手鍋，加熱至 45℃ ~ 50℃，之後加入 C，不斷攪拌，加熱到 85℃。熄火後再持續攪拌 30 秒。
4　倒入消毒過的容器中，進行均質，隔冰塊降溫，盡快讓它冷卻至 4℃，在冷藏中靜置約 6 小時，使之香氣風味熟成。
5　靜置後，將冰淇淋液體加入 D 再一次均質，之後倒入冰淇淋機中製冰。成品保存在 -20℃的冷凍冰箱。

→　POINT
將奶酒分兩次添加，是因為酒精加熱後將會揮發，為了保留部分酒精，也為了讓奶酒味道更加香醇，所以選擇部分加熱，部分最後直接添加的方式。

A	g	C	g
全脂牛奶	300	脫脂奶粉	10
興波咖啡季節濃縮豆	30	蔗糖	70
		葡萄糖粉	15
B	g	膠體	5
全脂牛奶	265		
動物性鮮奶油 35%	195	D	g
BV Land 威士忌麥芽奶酒 1	60	BV Land 威士忌麥芽奶酒 2	80
		Total	1000

蘭姆栗栗
Glace à la châtaigne et rhum

秋冬總是會想起栗子，溫暖細膩的風味，充滿熱量，這裡把栗子融入蘭姆酒，使它們的甜味及香氣更為濃郁，並充滿層次。栗子通常是冬季才會出的產品，風味比較厚重也比較香甜，這樣厚實的味道，適合在冬季時撫慰人心。

1   將材料 B（乾粉類）混合在一起，攪拌均勻。
2   將材料 A 混合均勻，倒入手鍋，加熱至 45℃ ~ 50℃，之後加入 B，不斷攪拌，加熱到 85℃。熄火後再持續攪拌 30 秒。
3   倒入消毒過的容器中，進行均質，隔冰塊降溫，盡快讓它冷卻至 4℃，在冷藏中靜置約 6 小時，使之香氣風味熟成。
4   靜置後，將冰淇淋液體加入 C 再一次均質，之後倒入冰淇淋機中製冰。成品保存在 -20℃的冷凍冰箱。

→   POINT
     日式和法式的栗子餡有很大差別，做法明顯不同，風味也相差很遠；這裡是使用法式栗子餡，會連皮一起製作，所以冰淇淋呈現深褐色。

A	g
全脂牛奶	400
動物性鮮奶油 35%	195
Imbert 栗子（有糖）	230
蛋黃	40

B	g
脫脂奶粉	25
葡萄糖粉	20
右旋糖粉	55
膠體	5

C	g
人頭馬風之島蘭姆酒 54%	5
蜂蜜	25
Total	1000

SORBET

蜂蜜檸檬

Sorbet de citrons aux miels

→ Sorbet

曾經在台灣成為飲料界的銷售冠軍，充滿夏日風情的一品。尤其台灣的蜂蜜種類多樣，柑橘蜜、龍眼蜜、紅柴蜜，各有獨特的花草香氣，檸檬的清爽酸味加上蜜香融合，韻味甜而不膩，做成冰品享用一樣滋味絕妙。

1   將材料 B（乾粉類）混合在一起，攪拌均勻。
2   將 A 倒入手鍋，加熱至 45℃ ~ 50℃，之後加入 B，不斷攪拌，加熱到 85℃。熄火後再持續攪拌 30 秒。
3   倒入消毒過容器中，再加入 C，進行均質，隔冰塊降溫，盡快讓它冷卻至 4℃，在冷藏中靜置約 6 小時，使之香氣風味熟成。
4   靜置後，將冰淇淋液體再一次均質，之後倒入冰淇淋機中製冰。成品保存在 -20℃的冷凍冰箱。

→   POINT
可刨入些許檸檬皮到冰淇淋中，讓果香層次更清新立體。

A	g
飲用水	435

B	g
蔗糖	90
葡萄糖粉	50
菊糖	5
膠體	5

C	g
蜂蜜	100
黃檸檬汁	315
Total	1000

紅酒燉洋梨
Sorbet de poires aux vin rouge

→ Sorbet

由甜點發想的冰品，洋梨的果香與辛香料融合，酸甜平衡，帶有豐富香氣，韻味深厚誘人。簡單的西洋梨經過燉煮，變得高級了起來，紅酒燉洋梨完美變身為優雅氣質的代名詞。

1　先製作燉洋梨：西洋梨削皮去籽，切成丁，混合所有材料一起燉煮，煮到滾之後，燜 15 分鐘，均質後再次煮滾，過篩備用。

2　將材料 B（乾粉類）混合在一起，攪拌均勻。

3　將 A 倒入手鍋，加熱至 45℃ ~ 50℃，之後加入 B，不斷攪拌，加熱到 85℃。熄火後再持續攪拌 30 秒。

4　倒入消毒過容器中，進行均質，隔冰塊降溫，盡快讓它冷卻至 4℃，在冷藏中靜置約 6 小時，使之香氣風味熟成。

5　靜置後，將冰淇淋液體再一次均質，之後倒入冰淇淋機中製冰。成品保存在 -20℃的冷凍冰箱。

→　POINT
將燉洋梨的香料敲碎後再使用，味道能更加釋放。

A	g
飲用水	390
紅酒	40
燉洋梨	500

B	g
黃糖	30
海藻糖	35
膠體	5
Total	1000

燉洋梨 Brix 35%	g
西洋梨	300
紅酒	120
黃糖	110
肉桂棒	1 支
丁香	1 個
八角	1 個
小荳蔻	1.5 顆
胡椒粒	2 顆
Total	530

哈哈比利小豬
Sorbet de melons et jambon prosciutto

→ Sorbet

鹹味和甜味的相遇，向來既瘋狂又有趣，火腿＋哈密瓜則是達到完美平衡的經典之一，我很想在冰品中嘗試這種張力十足的組合。這個搭配同時富含維生素、纖維、脂肪和蛋白質，火腿與哈密瓜冰一起食用，更能品嚐到火腿脂肪的細微風味，每一口都為味覺帶來驚喜、跳躍的新鮮感。

1　將哈密瓜的籽去除，取下果肉後，打成果汁，備用。
2　將材料 B（乾粉類）混合在一起，攪拌均勻。
3　將 A 倒入手鍋，加熱至 45℃ ~ 50℃，之後加入 B，不斷攪拌，加熱到 85℃。熄火後再持續攪拌 30 秒。
4　倒入消毒過容器中，再加入 C，進行均質，隔冰塊降溫，盡快讓它冷卻至 4℃，在冷藏中靜置約 6 小時，使之香氣風味熟成。
5　靜置後，將冰淇淋液體再一次均質，之後倒入冰淇淋機中製冰。成品保存在 -20℃ 的冷凍冰箱。

→　**火腿有兩種搭配吃法**
1　直接將冰淇淋和生火腿搭配著食用。
2　將火腿烤至表面金黃、香脆的狀態，再剝碎拌入冰中一起食用。烤好的火腿靜置時，可以使用廚房紙巾，吸收多餘的油脂。

A	g		C	g
飲用水	305		哈密瓜	500
			黃檸檬汁	30

B	g		D	g
蔗糖	155		伊比利豬火腿	QS
菊糖	5			
膠體	5		Total	1000

迷幻柚柚
Sorbet aux pamplemousses et romarin

我很喜歡葡萄柚，除了顏色討喜外，味道上也有清爽舒服的酸氣，更帶有些微苦味，而這苦味就是葡萄柚的特色，很少人願意用葡萄柚來做冰，因為會放大苦味，因此我增加了一個香草的香氣在其中，可使苦味變得更緩和，接受度也更高。

1	將葡萄柚的皮屑除，取下瓣狀果肉，白色部分需削除乾淨。
2	將材料 B（乾粉類）混合在一起，攪拌均勻。
3	將 A 倒入手鍋，加熱至 45℃ ~ 50℃，之後加入 B，不斷攪拌，加熱到 85℃。熄火後再持續攪拌 30 秒。
4	倒入消毒過容器中，再加入 C，進行均質，隔冰塊降溫，盡快讓它冷卻至 4℃，在冷藏中靜置約 6 小時，使之香氣風味熟成。
5	靜置後，將冰淇淋液體再一次均質，過篩之後倒入冰淇淋機中製冰。成品保存在 -20℃ 的冷凍冰箱。

→ POINT

1 香草是否要經過靜置，看個人喜好，如果喜歡風味強烈一點可以放置 6 小時，如希望是清淡的風味，可在步驟 4 均質完後就過篩。

2 香草類的葉子或花瓣，一定要先以飲用水清洗、浸泡過，確保乾淨衛生。

A	g
飲用水	145

B	g
蔗糖	160
菊糖	10
海藻糖	15
右旋糖粉	15
膠體	5

C	g
葡萄柚	600
黃檸檬汁	50
迷迭香	5
Total	1000

粉紅瓜瓜
Sorbet à la pastèques

→ Sorbet

這是很早期所創作的口味，因為冰中包含了空氣，所以西瓜冰的顏色會偏向粉紅，非常討喜，也是取名的由來。西瓜含水量高達 93% 左右，是水分比例最高的水果，雖然水分很多，但其中還包含了許多纖維，能做出相當細緻滑順的冰品。

1 將材料 B（乾粉類）混合在一起，攪拌均勻。
2 將 A 倒入手鍋，加熱至 45℃ ~ 50℃，之後加入 B，不斷攪拌，加熱到 85℃。熄火後再持續攪拌 30 秒。
3 倒入消毒過容器中，再加入 C，進行均質，隔冰塊降溫，盡快讓它冷卻至 4℃，在冷藏中靜置約 6 小時，使之香氣風味熟成。
4 靜置後，將冰淇淋液體再一次均質，之後倒入冰淇淋機中製冰。成品保存在 -20℃的冷凍冰箱。

→ POINT
建議先去除西瓜籽再打成果汁，避免籽被打碎後會出現苦味；而果肉纖維的部分則需要保留，不需濾掉，能增加冰的穩定性。

A	g
飲用水	185

B	g
蔗糖	150
菊糖	10
海藻糖	20
膠體	5

C	g
西瓜汁	600
黃檸檬汁	30
Total	1000

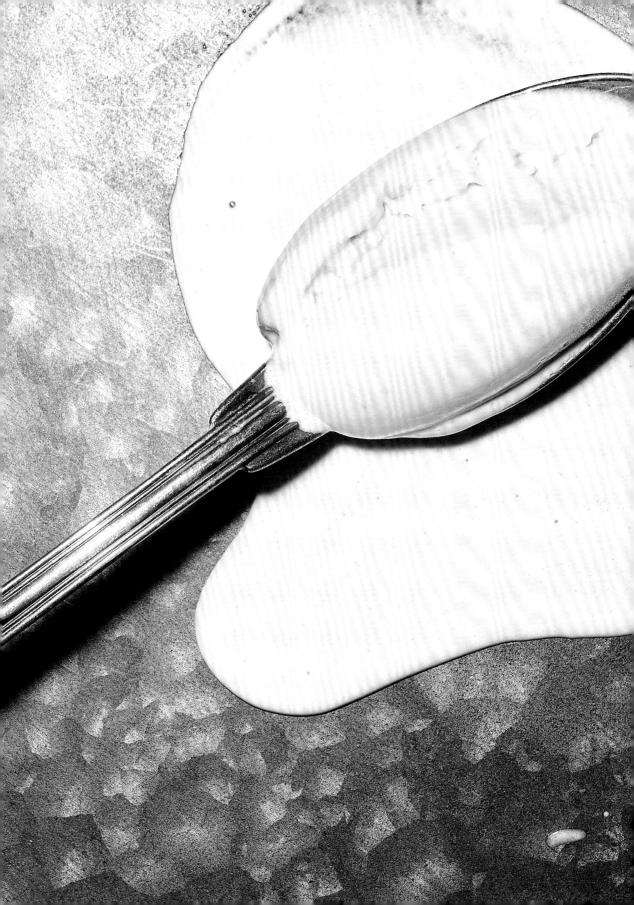

羊來了
Sorbet à la fraises

→ Sorbet

這是一個簡單的燈謎，羊來了就代表草沒（草莓）了。每年大約 11 月到隔年 4 月是草莓的盛產期，各個品種皆有不同特色，香氣或風味都各有所長，而草莓原有的酸味，是讓味覺層次更豐富的關鍵。草莓也是每個小朋友都無法抗拒的口味之一，除了顏色漂亮，均衡的酸甜果香也是百吃不膩。

1   先將草莓洗乾淨，去除蒂頭。
2   將材料 B（乾粉類）混合在一起，攪拌均勻。
3   將 A 倒入手鍋，加熱至 45℃ ~ 50℃，之後加入 B，不斷攪拌，加熱到 85℃。熄火後再持續攪拌 30 秒。
4   倒入消毒過容器中，再加入 C，進行均質，隔冰塊降溫，盡快讓它冷卻至 4℃，在冷藏中靜置約 6 小時，使之香氣風味熟成。
5   靜置後，將冰淇淋液體再一次均質，之後倒入冰淇淋機中製冰。成品保存在 -20℃ 的冷凍冰箱。

→   POINT
草莓是很嬌貴的水果，清洗完之後就很容易腐敗，所以要盡快製作成冰淇淋。

A	g	C	g
飲用水	315	草莓	500
		Total	1000

B	g
蔗糖	150
葡萄糖粉	30
膠體	5

鳥不踏覆盆子
Sorbet de framboises au tana

→ Sorbet

這是在一次廠商活動所特別開發的，希望在冰淇淋中添加有特色的在地食材，然而主要的成分必須是覆盆子，試了很多搭配後發現，因覆盆子的風味強烈，很多材料都會被掩蓋，後來想到了原住民常使用的刺蔥，強烈的香氣，反而跟覆盆子相輔相成，變成一種美妙的滋味。

1　先將刺蔥葉洗淨、去除細刺，並用飲用水確實清洗乾淨。
2　將材料 B（乾粉類）混合在一起，攪拌均勻。
3　將 A 倒入手鍋，加熱至 45℃ ~ 50℃，之後加入 B，不斷攪拌，加熱到 85℃。熄火後再持續攪拌 30 秒。
4　倒入消毒過容器中，再加入 C，進行均質，隔冰塊降溫，盡快讓它冷卻至 4℃，在冷藏中靜置約 6 小時，使之香氣風味熟成。
5　靜置後，將冰淇淋液體再一次均質，過篩之後倒入冰淇淋機中製冰。成品保存在 -20℃的冷凍冰箱。

→　POINT
處理刺蔥葉時，枝幹和葉子上都有小細刺，需要非常小心，一定將刺完全去除後再來製作，不然很容易在冰淇淋中出現小刺。

A	g
飲用水	315

B	g
蔗糖	120
葡萄糖粉	30
膠體	5

C	g
覆盆子	500
黃檸檬汁	30
刺蔥葉	6
Total	1000

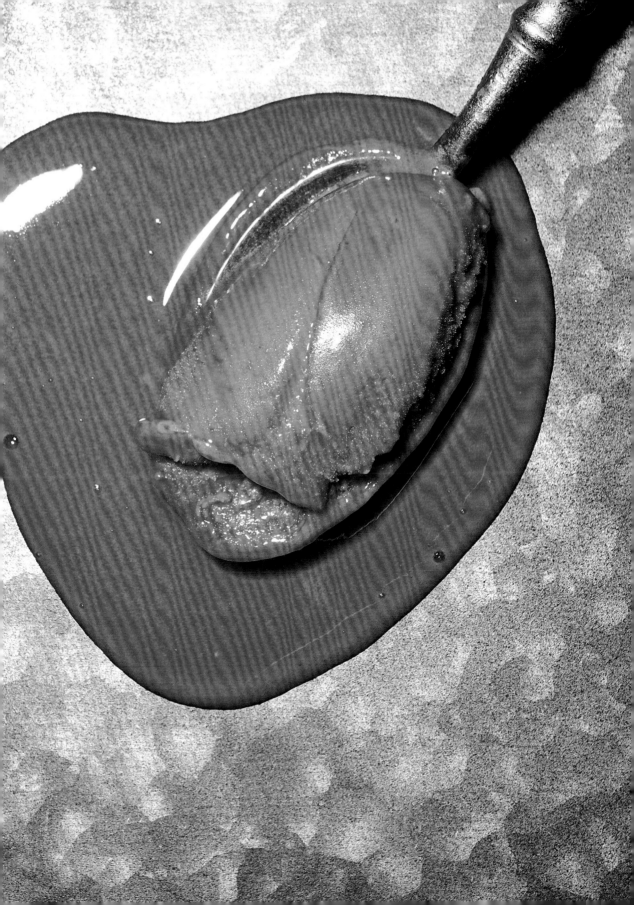

桃太郎
Sorbet de pêche blanche

→ Sorbet

桃子是非常受歡迎的水果，尤其是在日本，有各式各樣美味的桃子，而台灣最受歡迎，也最知名的水蜜桃品種，大致為拉拉山和梨山的桃子，產季和口感略有不同。桃子是非常嬌貴的水果，在保存上要輕柔小心，尤其是一開始變熟後，就會一口氣超越最適合食用的熟度，需要抓準時機。

1　將白桃洗乾淨，並用飲用水沖洗過後再處理，把中心籽去除，切塊備用。
2　將材料 B（乾粉類）混合在一起，攪拌均勻。
3　將 A 倒入手鍋，加熱至 45℃ ~ 50℃，之後加入 B，不斷攪拌，加熱到 85℃。熄火後再持續攪拌 30 秒。
4　倒入消毒過容器中，再加入 C，進行均質，隔冰塊降溫，盡快讓它冷卻至 4℃，在冷藏中靜置約 6 小時，使之香氣風味熟成。
5　靜置後，將冰淇淋液體再一次均質，之後倒入冰淇淋機中製冰，成品保存在 -20℃的冷凍冰箱。

→　POINT
1　白桃處理完時，就可以先加入檸檬汁保存，讓顏色不會褐變。
2　在均質時，我喜歡連果皮一起，讓顏色更加粉嫩；但切勿均質過久，避免出現苦澀味。

A	g
飲用水	160

B	g
蔗糖	120
葡萄糖粉	65
膠體	5

C	g
白桃	620
黃檸檬汁	30
Total	1000

百香果
Sorbet aux fruits de la passion

台灣埔里有百香果的故鄉之稱，這裡種植的百香果，酸甜適中，十分美味。百香果因香氣馥郁，同時散發著香蕉、鳳梨、檸檬、草莓等多種水果的複合香味，又被稱為果汁之王，加上顏色亮麗，味道甜中帶酸，非常適合製作 Sorbet。

1　　將百香果表皮清洗乾淨，將果肉取出後，果汁與籽分開備用。
2　　將材料 B（乾粉類）混合在一起，攪拌均勻。
3　　將 A 倒入手鍋，加熱至 45℃ ~ 50℃，之後加入 B，不斷攪拌，加熱到 85℃。
　　　熄火後再持續攪拌 30 秒。
4　　倒入消毒過容器中，再加入 C，進行均質，隔冰塊降溫，盡快讓它冷卻至 4℃，
　　　在冷藏中靜置約 6 小時，使之香氣風味熟成。
5　　靜置後，將冰淇淋液體再一次均質，加入百香果籽，之後直接倒入冰淇淋機中
　　　製冰。成品保存在 -20℃的冷凍冰箱。

→　　**POINT**
　　　很多時候在冰淇淋中吃到的百香果籽都是碎碎的，但我希望保留一顆一顆的口
　　　感，所以籽的部分不經過均質，最後才放，使冰淇淋口感更加乾淨。

A	g
飲用水	395

B	g
蔗糖	120
菊糖	5
葡萄糖粉	25
膠體	5

C	g
百香果汁	400

D	g
百香果籽	50
Total	1000

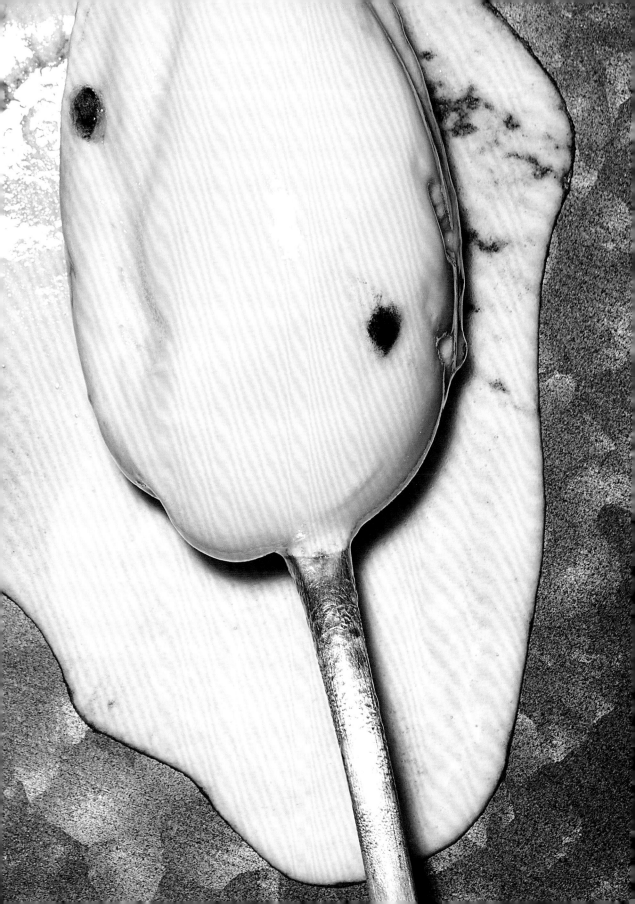

火龍果
Sorbet aux fruits du dragon

火龍果是仙人掌科的植物，常見有紅肉和白肉，紅肉的火龍果蘊含「甜菜紅素」，是天然色素，會讓冰淇淋打出來時依然維持很鮮豔的紅色。雖然火龍果香氣很薄弱，但若是品質優良的火龍果，則有明顯的花香。挑選時，可以重量為判斷，越重代表汁多且果肉豐滿，表皮的萼片軟化且有點反捲即是成熟狀態。

1　　將火龍果肉取出、切片，將果肉壓成泥，不要破壞籽的部分。
2　　將材料 B（乾粉類）混合在一起，攪拌均勻。
3　　將 A 倒入手鍋，加熱至 45℃ ~ 50℃，之後加入 B，不斷攪拌，加熱到 85℃。
　　　熄火後再持續攪拌 30 秒。
4　　倒入消毒過容器中，進行均質，再加入 C，隔冰塊降溫，盡快讓它冷卻至 4℃，
　　　在冷藏中靜置約 6 小時，使之香氣風味熟成。
5　　靜置後，將冰淇淋液以打蛋器攪拌均勻，不要均質，倒入冰淇淋機中製冰。成品保存在 -20℃ 的冷凍冰箱。

→　　POINT
　　　因為希望保留火龍果籽，所以先將火龍果切片，之後過粗篩網，壓成泥，等到製冰前再加入，就可以讓火龍果中的籽，粒粒分明，口感更加乾淨，風味也會更明亮，雖然增加了前製時間，卻能讓成品截然不同。

A	g
飲用水	455

B	g
蔗糖	125
右旋糖粉	10
膠體	5

C	g
火龍果	350
黃檸檬汁	5
蜂蜜	50
Total	1000

旺旺來

Sorbet à l'ananas

→ Sorbet

台灣的鳳梨品種非常多，早期的鳳梨含較多纖維，近年來不斷改良，鳳梨吃起來已不再像以前一樣刮舌，甜度也更高。製作鳳梨 Sorbet 時要注意，如果鳳梨沒有加熱，出來的成品，打發度會比一般水果來得高，空氣感會較重；如果不希望有那麼多空氣，可將鳳梨加熱之後再製冰。

1 將鳳梨蒂頭削除，果皮切除乾淨後，果肉切小塊，備用。

2 將材料 B（乾粉類）混合在一起，攪拌均勻。

3 將 A 倒入手鍋，加熱至 45℃ ~ 50℃，之後加入 B，不斷攪拌，加熱到 85℃。熄火後再持續攪拌 30 秒。

4 倒入消毒過容器中，再加入 C，進行均質，隔冰塊降溫，盡快讓它冷卻至 4℃，在冷藏中靜置約 6 小時，使之香氣風味熟成。

5 靜置後，將冰淇淋液體再一次均質，之後倒入冰淇淋機中製冰。成品保存在 -20℃的冷凍冰箱。

→ POINT

1 是否加鹽，可依個人喜好，鹽能去除鳳梨咬舌頭的感覺，也可讓冰更加有層次。

2 處理鳳梨時，雖然中心的部分比較沒有味道，但含有豐富纖維，一樣可以打入到冰淇淋中，增加厚實感。

A	g		C	g
飲用水	295		鳳梨	500
			黃檸檬汁	20
B	g		鹽之花	QS
蔗糖	180			
膠體	5		Total	1000

莓果森林
Sorbet aux fruits rouges

→ Sorbet

冰淇淋中單一的莓果口味其實就很受歡迎，但加了多種紅色水果，可以讓顏色和風味都變得更加豐盛、有深度，這種複合的概念，完全可以依照自己喜歡的比例，試試各種變化，變成不同個性的莓果森林口味。

1   將草莓、黑醋栗、覆盆子清洗乾淨，用飲用水沖洗過，全部打成果汁備用。
2   將材料 B（乾粉類）混合在一起，攪拌均勻。
3   將 A 倒入手鍋，加熱至 45℃ ~ 50℃，之後加入 B，不斷攪拌，加熱到 85℃。熄火後再持續攪拌 30 秒。
4   倒入消毒過容器中，再加入 C，進行均質，隔冰塊降溫，盡快讓它冷卻至 4℃，在冷藏中靜置約 6 小時，使之香氣風味熟成。
5   靜置後，將冰淇淋液體再一次均質，之後倒入冰淇淋機中製冰。成品保存在 -20℃ 的冷凍冰箱。

→   POINT
其實各種紅色系列的水果，搭配起來都是很適合的，不用擔心風味會不好，大家可以多多嘗試、自由組合。

A	g
飲用水	290

B	g
蔗糖	125
葡萄糖粉	30
膠體	5

C	g
草莓	250
黑醋栗	100
覆盆子	200
Total	1000

夏日風情
Sorbet exotique

→ Sorbet

想到香蕉、芒果、奇異果、百香果，幾乎就等於夏日印象！這些夏天常見的水果，單獨製冰就很美味，但在這個配方中，一口氣將它們混合在一起，更呈現出充滿陽光、熱情洋溢的飽和夏天，在夏季可是非常受歡迎的人氣口味。

1　香蕉果肉取出備用；芒果、奇異果、百香果清洗乾淨，用飲用水沖洗過，將果肉取出和香蕉混合，全部打成果汁備用。

2　將材料 B（乾粉類）混合在一起，攪拌均勻。

3　將 A 倒入手鍋，加熱至 45℃ ~ 50℃，之後加入 B，不斷攪拌，加熱到 85℃。熄火後再持續攪拌 30 秒。

4　倒入消毒過容器中，再加入步驟 1 綜合果汁，進行均質，隔冰塊降溫，盡快讓它冷卻至 4℃，在冷藏中靜置約 6 小時，使之香氣風味熟成。

5　靜置後，將冰淇淋液體再一次均質，之後倒入冰淇淋機中製冰。成品保存在 -20℃的冷凍冰箱。

→　**POINT**

這個配方中有香蕉和芒果，兩者富含的纖維可幫助冰變得更穩定，成品質地將更加綿密細緻。

A	g
飲用水	200

B	g
蔗糖	95
葡萄糖粉	50
右旋糖粉	10
膠體	5

C	g
香蕉	160
芒果	330
奇異果	90
百香果	60
Total	1000

莓完莓了
Sorbet fraise et framboise

→ Sorbet

這款是以覆盆子和草莓為主體的冰品,除了顏色非常鮮艷外,入口之後,會發現風味層次不斷在口中變化,品嚐到最後還帶有一股淡淡的清香。少許的日本柚子汁,是這款冰品隱藏的味道亮點。

1 將草莓、覆盆子清洗乾淨,用飲用水沖洗過,分別打成果汁備用。

2 將材料 B(乾粉類)混合在一起,攪拌均勻。

3 將 A 倒入手鍋,加熱至 45℃ ~ 50℃,之後加入 B,不斷攪拌,加熱到 85℃。熄火後再持續攪拌 30 秒。

4 倒入消毒過容器中,再加入 C,進行均質,隔冰塊降溫,盡快讓它冷卻至 4℃,在冷藏中靜置約 6 小時,使之香氣風味熟成。

5 靜置後,將冰淇淋液體再一次均質,之後倒入冰淇淋機中製冰。成品保存在 -20℃的冷凍冰箱。

→ **POINT**

在這配方中,我們讓覆盆子經過加熱,風味會更厚重,之後再加入草莓、檸檬和柚子汁,水果以兩階段分開處理,是讓冰淇淋風味截然不同的關鍵,更加層次分明、充滿變化。

A	g
飲用水	370
覆盆子	240

B	g
蔗糖	120
葡萄糖粉	50
膠體	5

C	g
草莓	175
柚子汁	15
黃檸檬汁	25
Total	1000

檸檬巴巴
Sorbet de citrons et basilic

→ Sorbet

檸檬＋甜羅勒，其實在很多地方都可以看見這樣的組合，不管是義式的醬汁，或是沐浴乳、香水，是一款經典不敗的搭配，兩種清爽的風味以冰品來表現，絕對迷人。

1　將材料 B（乾粉類）混合在一起，攪拌均勻。
2　將 A 倒入手鍋，加熱至 45℃ ~ 50℃，之後加入 B，不斷攪拌，加熱到 85℃。熄火後再持續攪拌 30 秒。
3　倒入消毒過容器中，再加入 C，進行均質，隔冰塊降溫，盡快讓它冷卻至 4℃，在冷藏中靜置約 6 小時，使之香氣風味熟成。
4　靜置後，將冰淇淋液體再一次均質，過篩之後倒入冰淇淋機中製冰。成品保存在 -20℃的冷凍冰箱。

→　POINT
1　甜羅勒可先去掉中心的梗，只留下葉子使用；加入羅勒葉均質的時候，不要均質太久，葉子很快會黃掉。
2　羅勒與九層塔是一樣的嗎？簡單來說，九層塔是羅勒的一種，但做義式料理時用的通常是甜羅勒，口味較清爽，若換成九層塔，味道就會變得較重，且澀氣較強，所以是不同的唷。
3　香草類的葉子或花瓣，使用前一定要先以飲用水清洗、浸泡過，確保乾淨衛生。

A	g
飲用水	450

B	g
蔗糖	200
葡萄糖粉	60
膠體	5

C	g
黃檸檬汁	285
甜羅勒葉	6

Total	1000

黒莓
Sorbet à la mûres

黑莓有點像桑椹，卻是不同的水果，在市面上比較少見，因為鮮品很容易變質，大部分的時候拿到都是冷藏或冷凍的。黑莓中含有大量人體必須的胺基酸，加上顏色非常吸引人，也是一款非常受歡迎的口味。

1　將材料 B（乾粉類）混合在一起，攪拌均勻。

2　將 A 倒入手鍋，加熱至 45℃ ~ 50℃，之後加入 B，不斷攪拌，加熱到 85℃。熄火後再持續攪拌 30 秒。

3　倒入消毒過容器中，再加入 C，進行均質，隔冰塊降溫，盡快讓它冷卻至 4℃，在冷藏中靜置約 6 小時，使之香氣風味熟成。

4　靜置後，將冰淇淋液體再一次均質，之後倒入冰淇淋機中製冰。成品保存在 -20℃的冷凍冰箱。

→　POINT
黑莓含有很多籽，打果汁時我會先把部分的籽過濾掉，只留下少量；在冰淇淋中能嚐到一點點籽的顆粒感，可以增加口感，更貼近真實的水果。

A	g
飲用水	400

B	g
蔗糖	125
葡萄糖粉	60
膠體	5

C	g
黑莓果泥	200
黑莓粒	200
黃檸檬汁	10
Total	1000

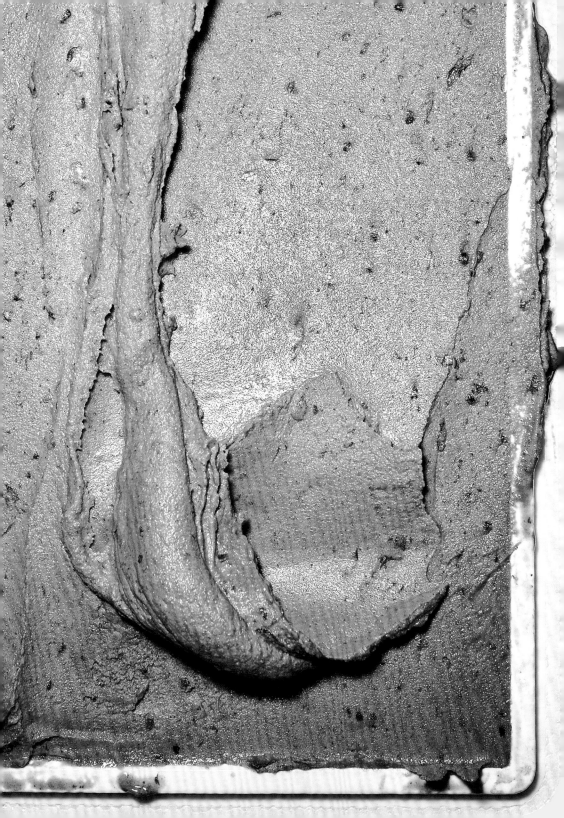

甘草紅心芭樂
Sorbet de goyave et réglisse

→ Sorbet

夜市常見的水果組合，來幾片清涼的甘草芭樂，真的會讓人愈吃愈開胃，酸酸甜甜加上清脆的口感超涮嘴。我們選用紅心芭樂，把它製作成冰，再加入了甘草粉，複刻那種讓人欲罷不能的風味。

1　紅心芭樂洗淨後，把綠色表皮刮除，芭樂打成泥，過篩將籽去除，加入檸檬汁備用。

2　將材料 B（乾粉類）混合在一起，攪拌均勻。

3　將 A 倒入手鍋，加熱至 45℃ ~ 50℃，之後加入 B，不斷攪拌，加熱到 85℃。熄火後再持續攪拌 30 秒。

4　倒入消毒過容器中，再加入步驟 1 果泥，進行均質，隔冰塊降溫，盡快讓它冷卻至 4℃，在冷藏中靜置約 6 小時，使之香氣風味熟成。

5　靜置後，將冰淇淋液體再一次均質，之後倒入冰淇淋機中製冰。成品保存在 -20℃的冷凍冰箱。

A	g
飲用水	380

B	g
蔗糖	175
葡萄糖粉	20
甘草粉	2
膠體	5

C	g
紅心芭樂	400
黃檸檬汁	20
Total	1002

冰的蘋果
Sorbet façon Tarte Tatin

→ Sorbet

這是一個很有趣的口味,是從甜點的翻轉蘋果塔轉變過來的。剛開店的時候,發現很多甜點師傅都在做這道甜點,我使用同樣的方法,把蘋果焦化再燉煮到完全熟透,這時會自然呈現出淡淡的烏梅味,是這款冰品很重要的關鍵。在塔皮放上一球蘋果冰,就成了冰的翻轉蘋果塔。

1. 製作焦糖蘋果:手鍋裡加入砂糖煮至焦糖狀,再放其他所有材料加熱至沸騰,使用均質機,把蘋果和香料全部粉碎;繼續煮到沸騰,關火燜 10 分鐘,再次加熱至沸騰,過篩放涼,備用。
2. 將材料 B(乾粉類)混合在一起,攪拌均勻。
3. 將 A 倒入手鍋,加熱至 45℃ ~ 50℃,之後加入 B,不斷攪拌,加熱到 85℃。熄火後再持續攪拌 30 秒。
4. 倒入消毒過容器中,進行均質,隔冰塊降溫,盡快讓它冷卻至 4℃,在冷藏中靜置約 6 小時,使之香氣風味熟成。
5. 靜置後,將冰淇淋液體再一次均質,之後倒入冰淇淋機中製冰。成品保存在 -20℃的冷凍冰箱。

→ **POINT**

1. 在煮焦糖蘋果的時候,如果風味有完整釋放,做出來的冰會有烏梅的風味出現。
2. 也可以把檸檬汁換成日本柚子汁,是另一種截然不同的風味。

A	g
飲用水	430
焦糖蘋果	480
黃檸檬汁	20

B	g
黃糖	65
膠體	5
Total	1000

焦糖蘋果 Brix 45%	g
蔗糖	150
蘋果	350
香草莢	1/2 支
柑橘汁	10
肉桂棒	1/2 支
人頭馬風之島蘭姆酒 54%	5
Total	515

鹽烤茂谷柑

Sorbet de mandarines Mogu avec prunes salé

→ Sorbet

茂谷柑甜中帶點微酸，擁有獨特的濃郁柑橘香，放越久越香甜，酸味會慢慢消失；加鹽烤過的茂谷柑吃起來一點鹹鹹又酸甜，加上柑橘香氣，有點蜜餞的感覺，風味特別！而且富含維生素 C，對身體是很好的營養補充，集酸甜鹹的一款，非常好吃。

1　將材料 B（乾粉類）混合在一起，攪拌均勻。

2　將 A 倒入手鍋，加熱至 45℃ ~ 50℃，之後加入 B，不斷攪拌，加熱到 85℃。熄火後再持續攪拌 30 秒。

3　倒入消毒過容器中，進行均質，隔冰塊降溫，盡快讓它冷卻至 4℃，在冷藏中靜置約 6 小時，使之香氣風味熟成。

4　靜置後，將冰淇淋液體再一次均質，再加入 C，之後倒入冰淇淋機中製冰。成品保存在 -20℃的冷凍冰箱。

→　POINT
梅子肉切成丁，或是用均質機打碎，帶來的口感及風味會完全不同，這裡我希望以丁狀表現，增加酸度外，更增加口感。

A	g
飲用水	390
茂谷柑	400
黃檸檬汁	20

B	g
蔗糖	145
菊糖	10
膠體	5
鹽之花	3

C	g
梅子肉（切丁）	30
Total	1000

無花果
Sorbet aux figues

→ Sorbet

在法國，時常可以見到無花果入菜，我非常喜歡，尤其是無花果中的顆粒，一顆一顆咬碎的口感，是很大的特色，目前台灣也有很多地方開始種植。要選擇成熟度夠的果實來製作，通常都會放置到底部快裂開時再使用，此時為甜度最高的狀態，生味也不會太重。

1　　無花果洗乾淨後，用飲用水沖洗過，以微波爐稍微加熱（微溫就好），去除果皮，只留下中心紅色果肉部分。

2　　將材料 B（乾粉類）混合在一起，攪拌均勻。

3　　將 A 倒入手鍋，加熱至 45℃ ~ 50℃，之後加入 B，不斷攪拌，加熱到 85℃。熄火後再持續攪拌 30 秒。

4　　倒入消毒過容器中，再加入 C，進行均質，隔冰塊降溫，盡快讓它冷卻至 4℃，在冷藏中靜置約 6 小時，使之香氣風味熟成。

5　　靜置後，將冰淇淋液體再一次均質，之後倒入冰淇淋機中製冰。成品保存在 -20℃的冷凍冰箱。

→　　POINT
這裡我選擇把無花果的皮去掉，雖然果皮也有很多養分，但因希望最後冰淇淋能呈現更美麗的顏色，所以去皮後只留果肉。如果不考慮成色，也可在去掉無花果的蒂頭後，就直接製作。

A	g
飲用水	445

B	g
黃糖	160
右旋糖粉	20
膠體	5

C	g
無花果	330
黃檸檬汁	10
蜂蜜	30
Total	1000

芒果青
Sorbet à la mangues verte

→ Sorbet

青芒果是在台灣我們小時候的味道，酸酸甜甜，夏天專屬的滋味，把它製成 Sorbet，轉化後風味口感更加細緻。挑選製作的芒果青時，可以輕壓判斷，如果很硬比較合適，太軟 Q 就不要購買，口感會不爽脆。

1　將材料 B（乾粉類）混合在一起，攪拌均勻。
2　將 A 倒入手鍋，加熱至 45℃ ~ 50℃，之後加入 B，不斷攪拌，加熱到 85℃。熄火後再持續攪拌 30 秒。
3　倒入消毒過容器中，進行均質，隔冰塊降溫，盡快讓它冷卻至 4℃，在冷藏中靜置約 6 小時，使之香氣風味熟成。
4　靜置後，將冰淇淋液體再一次均質，最後混合 C，之後倒入冰淇淋機中製冰。成品保存在 -20℃的冷凍冰箱。

→　**糖漬芒果青**
青芒果削皮後，去籽，加鹽攪拌均勻，靜置 30 分鐘，以飲用水清洗兩次將鹽分洗除，再將芒果青浸泡在飲用水中 1 小時；重複這個步驟兩次，把鹽分確實洗掉。將水分擠乾，加入雪碧、砂糖、話梅一起浸泡，冷藏 1 天，再放入冷凍庫。

A	g
飲用水	585
糖漬芒果青	200

B	g
蔗糖	150
葡萄糖粉	40
菊糖	10
膠體	5

C	g
黃檸檬汁	10
糖漬芒果青（切丁）	40
Total	1000

糖漬芒果青	g
青芒果	1500
蔗糖	320
雪碧	330
話梅	2 顆
Total	2150

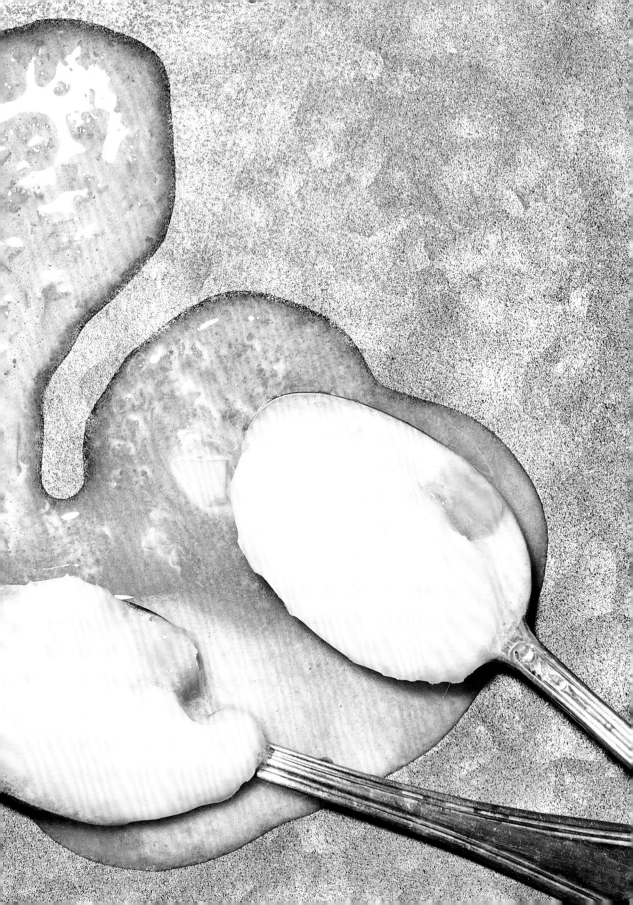

櫻樹花

Sorbet de framboises, cerises et osmanthus

罌粟花是製作鴉片的原料，在台灣是嚴格禁止的，但是有時候發揮一些想像創意可以更吸引人，這裡取諧音，將櫻桃、覆盆子及桂花做成搭配，成了另類的櫻樹花，顏色不但很美，風味上有酸、有甜、有香，非常特別。

1   櫻桃清洗乾淨，去籽打成果汁，混合覆盆子果泥備用。
2   將 A 倒入手鍋，加熱至沸騰，燜 10 分鐘，過篩後補足 575g 的水分。
3   材料 B（乾粉類）混合在一起，攪拌均勻。
4   將步驟 2 倒回手鍋，加入 B，不斷攪拌，加熱到 85℃。熄火後再持續攪拌 30 秒。
5   倒入消毒過容器中，再加入步驟 1 果汁，進行均質，隔冰塊降溫，盡快讓它冷卻至 4℃，在冷藏中靜置約 6 小時，使之香氣風味熟成。
6   靜置後，將冰淇淋液體再一次均質，之後倒入冰淇淋機中製冰。成品保存在 -20℃的冷凍冰箱。

A	g
桂花	5
飲用水	575

B	g
蔗糖	175
葡萄糖粉	30
膠體	5

C	g
覆盆子果泥	150
櫻桃	65
Total	1000

奇異果多多綠
Sorbet de kiwi, thé vert et Yakult

→ Sorbet

這是在 Double V 的「茶」主題週中所開發出來的，我們將飲料店的人氣商品製作成冰淇淋，而奇異果多多綠正是一個非常受歡迎的口味。在製作成冰後，想呈現出入口時先感受到奇異果的鮮甜，中段出現大家都喜愛的養樂多風味，最後則有淡淡的茶香回甘，比直接喝飲品更加有趣。

1   首先將水加熱到沸騰，倒入四季春茶葉，再加熱至沸騰，浸泡 15 分鐘後，過篩，回秤水重量，補足 390g 的水。
2   將材料 B（乾粉類）混合在一起，攪拌均勻。
3   將步驟 1 倒回手鍋，加入 B，不斷攪拌，繼續加熱到 85℃。熄火後再持續攪拌30 秒。
4   倒入消毒過容器中，再加入 C，進行均質，隔冰塊降溫，盡快讓它冷卻至 4℃，在冷藏中靜置約 6 小時，使之香氣風味熟成。
5   靜置後，將冰淇淋液體再一次均質，之後倒入冰淇淋機中製冰。成品保存在 -20℃的冷凍冰箱。

→   POINT
      奇異果均質的時候，切記不要過度攪拌，否則會有苦味產生。

A	g
四季春茶葉	8
飲用水	390

B	g
蔗糖	195
膠體	5

C	g
奇異果	150
黃檸檬汁	10
養樂多	250
Total	1000

真可可
Sorbet aux chocolats noir

一個強調巧克力香氣和苦味的品項，大部分的時候，巧克力若是碰到水分即會收縮，造成巧克力無法操作，但是 Sorbet 的做法只有添加水和糖，只要比例是正確的，一樣能做出非常光滑細緻的冰品，而且因為沒有牛奶的干擾，更能呈現出巧克力的風味，不管是酸味、煙燻味，都會強烈又直接，絕對是巧克力控的最愛。

1   將材料 B（乾粉類）混合在一起，攪拌均勻。
2   將 A 倒入手鍋，加熱至 45℃ ~ 50℃，之後加入 B，不斷攪拌，加熱到 94℃。熄火後再持續攪拌 30 秒。
3   倒入消毒過容器中，再加入 C，靜置 1 分鐘，讓熱度融化巧克力，之後進行均質，隔冰塊降溫，盡快讓它冷卻至 4℃，在冷藏中靜置約 6 小時，使之香氣風味熟成。
4   靜置後，將冰淇淋液體再一次均質，之後倒入冰淇淋機中製冰。成品保存在 -20℃ 的冷凍冰箱。

→   POINT
     為了要釋放可可粉的風味，一定要確實加熱到 94℃ 以上，而這裡要注意的是，如果加熱時間過長，水分揮發太多，會造成比例不正確，所以加熱時一定要特別注意，大火會容易燒焦，小火煮的時間會拉長。一開始的補足水分這是很重要的。

A	g	B	g	C	g
飲用水	605	蔗糖	150	72% 巧克力鈕扣	100
		右旋糖粉	90	轉化糖	20
		可可粉	30		
		膠體	5	Total	1000

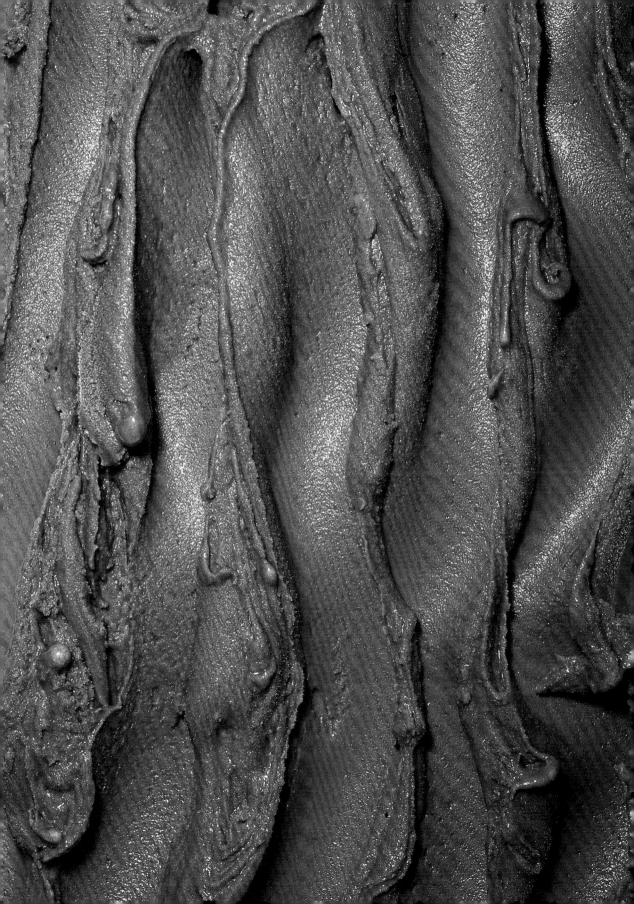

→ Sorbet

冬天的時候製作 Sorbet，有時還是覺得格外冰冷，其實從前就有很多加熱水果的吃法，讓水果溫補的方式流傳下來，像紅棗燉梨便是一道養生甜品，具有潤肺止咳的功效，而紅棗更可以暖身，雖然這裡是以冰的方式呈現，但這個組合所呈現出來的冰品，卻不會那麼冰冷，更讓人想在冬天試試。

1　紅棗洗乾淨，並用飲用水浸泡十分鐘後，去籽再和水一起加熱，煮到沸騰後關火，燜 10 分鐘，使用均質機直接粉碎紅棗，再將紅棗水煮滾，燜 10 分鐘，過篩，補足流失的水分 450g。

2　將西洋梨清洗乾淨，削皮去籽後，切塊備用。

3　將材料 B（乾粉類）混合在一起，攪拌均勻。

4　將步驟1倒入手鍋，加入 B，不斷攪拌，加熱到85℃。熄火後再持續攪拌30秒。

5　倒入消毒過容器中，再加入 C，進行均質，隔冰塊降溫，盡快讓它冷卻至 4℃，在冷藏中靜置約 6 小時，使之香氣風味熟成。

6　靜置後，將冰淇淋液體再一次均質，之後倒入冰淇淋機中製冰。成品保存在 -20℃的冷凍冰箱。

→　POINT
這個做法中的西洋梨沒有經過加熱，會呈現出較清爽的風味；如果加熱風味則會比較厚實。

A	g
紅棗	20
飲用水	450

B	g
黃糖	95
葡萄糖粉	40
鹽	2
膠體	5

C	g
蜂蜜	50
西洋梨	350
黃檸檬汁	10
Total	1002

萊姆蘭姆
Sorbet MOJITO

→ Sorbet

MOJITO 是酒吧裡的不敗款經典調酒，也是 Double V 在「酒」的主題週活動時，當週的銷售冠軍。以蘭姆酒為基底，搭配新鮮薄荷葉和檸檬，帶出了豐富的清爽口感，非常冰涼，非常爽沁！

1   將材料 B（乾粉類）混合在一起，攪拌均勻。
2   將 A 倒入手鍋，加熱至 45℃ ~ 50℃，之後加入 B，不斷攪拌，加熱到 85℃。熄火後再持續攪拌 30 秒。
3   倒入消毒過容器中，再加入 C，進行均質，隔冰塊降溫，盡快讓它冷卻至 4℃，在冷藏中靜置約 6 小時，使之香氣風味熟成。
4   靜置後，將冰淇淋液體加入 D 再一次均質，過篩之後倒入冰淇淋機中製冰。成品保存在 -20℃ 的冷凍冰箱。

→   POINT
1   配方中加入脫脂奶粉，是為了讓整體風味更圓潤。
2   加入薄荷葉時，只取用葉子，梗的部分記得去除。
3   如果想要風味再更強烈，可在杯子中先倒入蘭姆酒，再挖冰上去。

A	g
飲用水	625

B	g
蔗糖	120
海藻糖	50
菊糖	10
脫脂奶粉	10
膠體	5

C	g
黃檸檬汁	100
人頭馬風之島蘭姆酒 54%	80

D	g
薄荷葉	30
Total	1000

OTHERS

香草開心果凍糕
Parfait glacé à la vanille et pistache

→ Semifreddo

冰淇淋的組成，重要成分必須有液體、固體與空氣，而空氣是最難混合進冰淇淋的，正常做法必須使用冰淇淋機，一邊攪拌一邊把空氣拌入；凍糕則是直接將空氣打入鮮奶油或義式蛋白中，再跟其他材料混合。一般會以香草口味為基底，再加入其他堅果，是一個不需要冰淇淋機，只要有攪拌機就能製作的商品，非常適合咖啡廳，能簡單地增加適合夏日的甜點。

1　開心果切碎，放入烤箱，150℃烤約 15 分鐘，取出放涼備用。
2　將動物性鮮奶油打至 7 分發，冷藏備用。
3　蛋黃放入攪拌缸中，加入蔗糖混合，微微打發至乳白色，備用。
4　取出香草籽，加入手鍋的牛奶中，加熱至沸騰，然後慢慢沖入微打發的蛋黃中，混合均勻，再倒回手鍋，加熱至90℃；倒入攪拌缸裡，打發（至微涼的程度）。
5　再取出步驟 2 已打發的動物性鮮奶油，與步驟 4 慢慢混合均勻，切勿大力攪拌。
6　倒入模具，中心撒上開心果碎，最後表面再撒上開心果。冷凍 -20℃保存。

→　POINT
1　蛋黃不要在室溫放置太久，很容易結皮。
2　混合兩種材料時（步驟 4、5），柔軟度相同會更好地拌勻。

A	g
開心果果粒	50

B	
動物性鮮奶油 35%	225

C	
蛋黃	90
蔗糖	115

D	
全脂牛奶	125
香草莢	1 支
Total	605

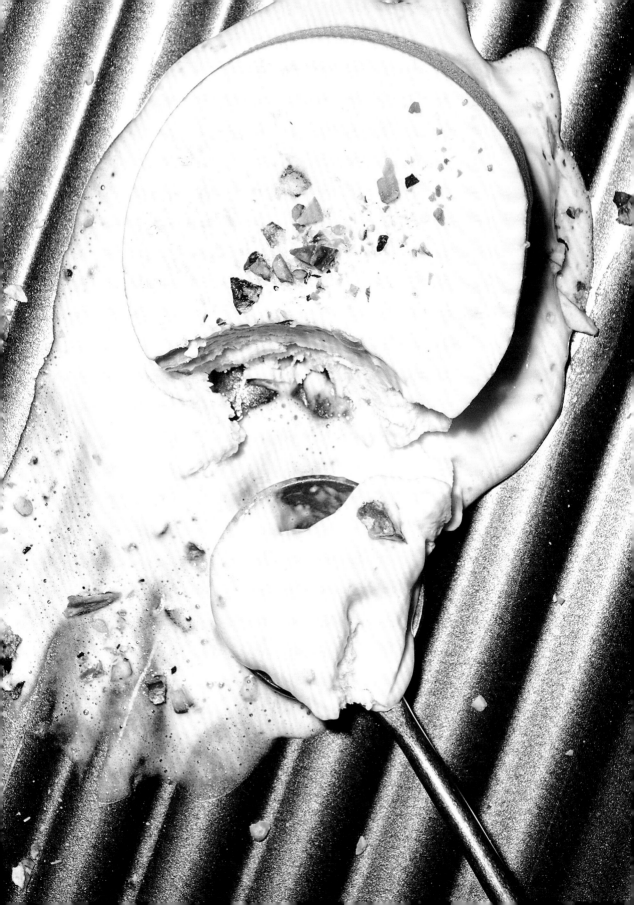

栗子凍糕
Parfait glacé aux marrons

→ Semifreddo

栗子是一種溫暖且濃郁的食材，這款凍糕不僅帶著濃烈的酒香，且含有豐厚的油脂，非常適合秋冬食用，操作上也不需要使用冰淇淋機。如果你喜歡栗子，這絕對是一款你會喜歡的冰品。

1　先將動物性鮮奶油打至 7 分發，冷藏備用。
2　將材料 B 的栗子抹醬混合栗子，再加入蘭姆酒混合均勻，過篩，讓質地呈現很細緻的狀態（也可使用調理機）。
3　將蛋黃放入攪拌缸中，加入蔗糖 1，微微打發至乳白色。
4　製作義式蛋白霜：手鍋加入水、蔗糖 2、葡萄糖漿，加熱至 115℃，沖入步驟 3 微打發的蛋黃中，開高速打發至涼。取出後，與步驟 2 栗子餡慢慢混合拌勻。
5　取出已打發的動物性鮮奶油，與步驟 4 慢慢混合均勻，切勿大力攪拌，避免消泡。
6　倒入模具中，撒上糖漬栗子碎粒。冷凍 -20℃保存。

→　POINT
凍糕在食用時不需熱刀，也不需要退冰，直接就可以切用。

A	g
動物性鮮奶油 35%	300

B	g
Imbert 栗子抹醬	50
Imbert 栗子（有糖）	75
人頭馬風之島蘭姆酒 54%	20

C	g
蛋黃	100
蔗糖 1	115
飲用水	20
蔗糖 2	60
葡萄糖漿	90

D	
糖漬栗子	QS
Total	830

蘋果鑽石冰
Granité de pommes

→ Granité

Calvados 是我在法國時很常接觸到的酒，因為學校旁邊就是一大片蘋果園，他們會將蘋果再製成各式各樣的產品，種類非常豐富，而這款冰品也是在一次聚會中，農家傳授給我們的，相當簡單，風味卻讓人印象深刻，稍作調整後想分享給大家。

1   將水加熱，加入蔗糖，攪拌至糖充分溶解。
2   等糖水降溫後，加入青蘋果泥和蘋果白蘭地，混合均勻。
3   倒入長方形的容器中，約 3cm 高。
4   冷凍約 4 小時，確定液體都冷凍完全。
5   使用叉子，在冰上做重複刮冰的動作，重複幾次後，繼續冰回冷凍。
6   確定都變成堅硬的碎冰後，即可取出食用。

→   POINT
1   叉子的硬度要夠，選用間隙較大的叉子會比較好刮取。
2   可另準備裝飾的蘋果片，刷上少許檸檬汁可防止褐變。

	g
飲用水	235
蔗糖	85
青蘋果泥	120
蘋果白蘭地	60
Total	500

藍莓鑽石冰
Granité de myrtilles

→ Granité

藍莓含有花青素和很多營養價值，對我而言，更受吸引的是這莓果的顏色，很少有食材會呈現天然的深紫色，將這飽和的顏色用在冰品上，能創造出非常跳的色彩效果，給人為之一亮的視覺感受。

1   將水加熱，加入蔗糖，攪拌至糖充分溶解。
2   降溫後加入藍莓汁和檸檬汁，混合均勻。
3   倒入長方形的容器中，約 3cm 高。
4   冷凍約 4 小時，確定液體都冷凍完全。
5   使用叉子，在冰上做刮取的動作，重複幾次後，繼續冰回冷凍。
6   確定都變成堅硬的碎冰後，即可取出食用。

→   POINT
     製作好的冰品要取出時，盛裝的容器記得也要先冷藏過，
     才不會因為溫差，讓鑽石冰融化得很快。

	g
飲用水	320
蔗糖	70
藍莓汁	90
檸檬汁	20
Total	500

柑橘鑽石冰
Granité de mandarines

→ Granité　　　我很喜歡各式各樣的柑橘風味，尤其是它們除了酸甜還略帶苦味，而這苦味剛剛好能刺激味蕾；因此在榨取柑橘汁時，建議可連皮一起壓榨，讓部分的精油釋出，使柑橘鑽石冰的風味更強烈，風味餘韻也能更持久。

1　　將水加熱，加入蔗糖，攪拌至糖溶解。
2　　等糖水降溫後，加入柑橘汁、檸檬汁、伏特加，混合均勻。
3　　倒入長方形的容器中，約 3cm 高。
4　　冷凍約 4 小時，確定液體都冷凍完全。
5　　使用叉子，在冰上做刮取的動作，重複幾次後，繼續冰回冷凍。
6　　確定都變成堅硬的碎冰後，即可取出食用。

→　　POINT
　　鑽石冰是將糖漿冷凍之後，利用工具刮取出的粗冰粒，
　　吃起來比較冰脆，會瞬間在舌頭上化開，味道強烈。

	g
飲用水	60
蔗糖	30
柑橘汁	360
檸檬汁	25
伏特加	25
Total	500

香草雪糕
Bâtonnet glacé à la vanille

→ Bâtonnet
glacé

香草冰淇淋加上巧克力脆殼，是經典不敗的完美組合，感覺每個人的第一支雪糕都是以這口味入手。榛果碎粒增加了雪糕酥脆的口感，讓整體吃起來有各種食材質感，充滿變化。

1　將材料 B（乾粉類）混合，攪拌均勻。
2　將材料 A 一起加入手鍋中，攪拌均勻，加熱到 35-45℃，之後加入乾粉類材料，不斷攪拌，加熱到 85℃。
3　過篩後進行均質，隔冰塊降溫，盡快讓它冷卻至 4℃，移至冷藏中靜置約 6 小時，使之香氣風味熟成。
4　靜置後，將冰淇淋液體再一次均質，倒入冰淇淋機中製冰，之後填裝入已消毒的模具，插入木棍，冷凍約 2 小時。

巧克力脆殼

1　將調溫巧克力、可可脂、葡萄籽油倒入鍋中，混合融化後加熱到 40℃備用。
2　雪糕冷凍約 2 小時，確定定型後，脫膜取出，馬上均勻批覆巧克力醬，撒上榛果碎。
3　存放在 -20℃冷凍冰箱，取出後應立即享用。

→　　POINT
配方中所用的液體油脂，是無色無味的葡萄籽油（使用太白胡麻油也可以），如果以橄欖油製作，會多出一種特有的味道，反而會壓抑住巧克力的風味，因此油的選擇要特別注意。

A	g
全脂牛奶	620
動物性鮮奶油 35%	160
蛋黃	35
香草莢	1/2 支

B	g
脫脂奶粉	20
蔗糖	110
葡萄糖粉	50
膠體	5
Total	1000

巧克力脆殼	g
花郜苦甜調溫巧克力 70%	500
可可脂	75
葡萄籽油	50
烤過榛果碎粒	50
Total	675

榛果牛奶雪糕
Bâtonnet glacé à la noisette

→ Bâtonnet
glacé

外層撒上烘烤過的鬆脆義大利榛果粒，讓冰淇淋融入絲滑香醇的帶皮榛果，更增添了一點澀味，能同時享受絲滑與酥脆的完美和諧。多重的甜蜜在舌尖交融，絕對令你回味無窮。

1   將材料 B（乾粉類）混合，攪拌均勻。
2   將材料 A 一起倒入手鍋中，攪拌均勻，加熱至 35-45℃，之後加入材料 B，不斷攪拌，加熱到 85℃。
3   倒入消毒過的容器中，進行均質，隔冰塊降溫，盡快讓它冷卻至 4℃。在冷藏中靜置約 6 小時，使之香氣風味熟成。
4   靜置後，將冰淇淋液體再一次均質，之後倒入冰淇淋機中製冰，填入已消毒的模具，插入木棍，冷凍 2 小時，定型後再脫膜取出。
5   存放在 -20℃冷凍冰箱，取出後應立即享用。

A	g
全脂牛奶	570
動物性鮮奶油 35%	140
100% 榛果醬	100

B	g
脫脂奶粉	25
蔗糖	100
右旋糖粉	60
膠體	5
Total	1000

C	g
烤過的帶皮榛果	QS

洛神仙人掌
Bâtonnet glacé aux cactus

→ Bâtonnet
glacé

仙人掌為澎湖特產，擁有口紅一般鮮豔的紅色，吃起來有種特別的酸味，加以調配後，除了顏色誘人之外，也會變成酸酸甜甜的，很像酸梅汁，廣受大眾喜愛。而仙人掌本身還帶點黏稠感，所以吃起來也會有些滑滑的感覺。

1   將水加熱，加入蔗糖、洛神花，輕柔攪拌至沸騰。
2   等糖水降溫後，過篩，加入仙人掌汁和檸檬汁。
3   倒入準備好已消毒的模具，先倒入一半，插入木棍，冷凍30分鐘，稍微定型後，再把剩下的液體倒入模具。
4   冷凍約 2 小時，確定雪糕都定型後，再脫膜取出。
5   存放在 -20℃冷凍冰箱，取出後應立即享用。

→   POINT
     仙人掌的前處理要特別留意，除了小心外皮的刺，還要記得把籽的部分也去除，只留下汁液。

	g
飲用水	335
蔗糖	65
乾燥洛神花	5
仙人掌汁	80
檸檬汁	15
Total	500

百香杏桃
Bâtonnet glacé à l'abricots et fruit de la passion

→ Bâtonnet
    glacé

這是法式甜點中的常見組合，杏桃不僅能中和百香果的酸，讓風味更圓潤，也能提升香味層次；此外，杏桃中含有很多纖維，可讓冰的質地更加穩定。百香果有果汁之王的美稱，因為它含有數十種以上的風味，所以吃完冰棒後，餘香也會在口中久久不散。

1   將水加熱，加入蔗糖，攪拌至糖充分溶解。
2   等糖水降溫後，加入杏桃汁、百香果汁、微甜白酒，混合均勻。
3   準備好已消毒的模具，先倒入一半液體，插入木棍，冷凍30分鐘，稍微定型後，
      再把剩下的液體倒入模具。
4   冷凍約 2 小時，確定都定型後，再脫膜取出。
5   存放在 -20℃冷凍冰箱，取出後應立即享用。

→   POINT
      這裡使用白葡萄酒，可增加整體的甜度和香氣，使得果香層次更明顯。

	g
飲用水	160
蔗糖	90
杏桃汁	180
百香果汁	60
微甜白酒	10
Total	500

黃檸檬綠檸檬
Bâtonnet glacé aux citrons

→ Bâtonnet
　　glacé

彷彿繞口令一樣，黃檸檬綠檸檬！檸檬品種各有特色，黃檸檬雖然沒有那麼酸，但是香氣比較強烈，而綠檸檬則酸味明顯、香氣較不強烈。因此這個配方中，同時使用黃檸檬的果汁，搭配上綠檸檬皮，讓沁涼的果香在味覺與視覺上都更加吸引人。

1　將水加熱，加入蔗糖，攪拌至糖充分溶解。
2　等糖水降溫後，加入黃檸檬汁，混合均勻。
3　倒入準備好已消毒的模具，先倒入一半，插入木棍，冷凍 30 分鐘；刨檸檬皮，將綠檸檬皮屑撒在中心，稍微定型後再把剩下的液體倒入模具。
4　冷凍約 2 小時，確定都定型後，再脫膜取出。
5　存放在 -20℃冷凍冰箱，取出後應立即享用。

→　POINT
　　因為要直接使用檸檬皮，記得一定要把果皮清洗乾淨。

	g
飲用水	345
蔗糖	30
黃檸檬汁	125
綠檸檬皮屑	QS
Total	500

香草霜淇淋
Glace à l'italienne à la vanille

→ Glace à
　　l'italienne

香草籽與牛奶，是香草霜淇淋的美味關鍵！台灣較偏好產地為馬達加斯加和大溪地的香草，帶有花香、水果香；歐洲常用含淡淡煙燻味的香草莢，而愛爾蘭島的香草莢另有獨特的茴香風味。在日本則更琢磨於牛奶，喝起來新鮮、清爽又濃郁，北海道鮮乳更是眾所認可的高品質代表。正因為冰淇淋中牛奶的成分比例很高，如果使用優質鮮奶，就能很直接地呈現濃郁香甜的講究霜淇淋。

1　　將材料 B（乾粉類）混合均勻，備用。
2　　將全脂牛奶、鮮奶油、刮出香草籽混合均勻，加熱至 45℃ ~ 50℃，之後加入拌勻的材料 B（邊加邊攪拌，避免結塊）。
3　　繼續加熱至 85℃後，確實的做均質，隔冰塊降溫，讓它快速降溫至 5℃。
4　　放於冷藏約 6 小時，使香氣風味熟成。
5　　冷藏取出後，再次均質，即可放入霜淇淋機中製冰。

A	g
全脂牛奶	3635
動物性鮮奶油 35%	200
香草莢	2 支

B	g
脫脂奶粉	80
蔗糖	760
葡萄糖粉	200
右旋糖粉	100
膠體	25
Total	5000

巧克力霜淇淋
Glace à l'italienne aux chocolats

→ Glace à
l'italienne

巧克力是國人最喜歡也最受歡迎的口味之一，無論甜點店、麵包店、飲品店、冰淇淋店，一定都能找到巧克力製品，由此可知有多少人喜愛巧克力，更是霜淇淋不敗的選擇。這個配方中，運用可可粉來增加巧克力的苦味，再使用 70% 的黑巧克力增加尾韻，使得入口後味道更持久香濃。

1   將材料 B（乾粉類）混合均勻，備用。
2   將全脂牛奶、鮮奶油混合均勻，加熱至 45℃ ~ 50℃，之後加入拌勻的材料 B（邊加邊攪拌，避免結塊）。
3   繼續加熱至 94℃，沖入放巧克力和轉化糖的容器中，確實的均質。
4   隔冰塊降溫，讓它快速降溫至 5℃。放於冷藏約 6 小時，使香氣風味熟成。
5   冷藏取出後再次均質，即可放入霜淇淋機中製冰。

A	g	B	g	C	g
全脂牛奶	3350	脫脂奶粉	150	70% 巧克力鈕扣	500
動物性鮮奶油 35%	80	蔗糖	345	轉化糖	100
		右旋糖粉	300		
		可可粉	150	Total	5000
		膠體	25		

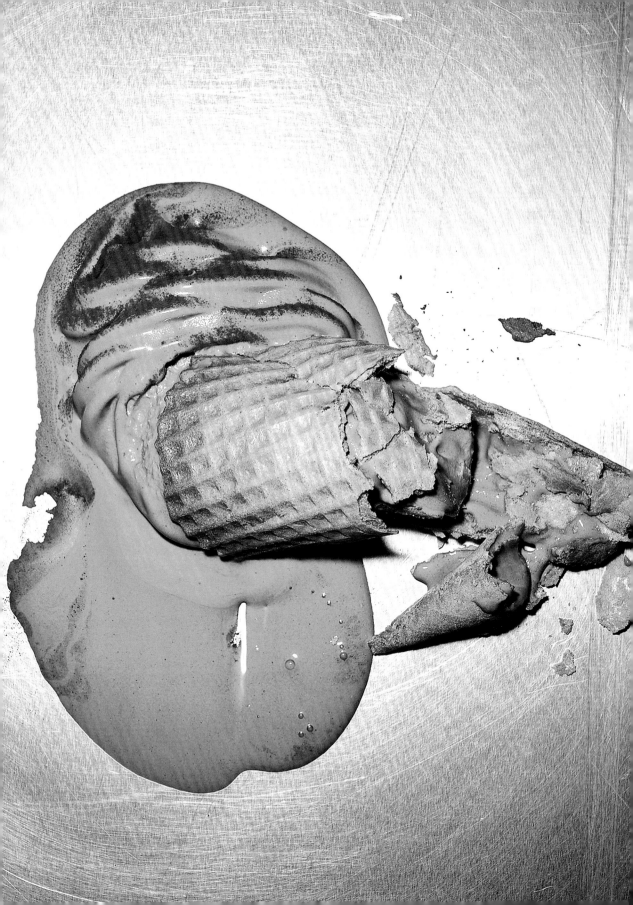

餅乾甜筒
Cornet à glace

→ Cornet
à glace

夏天最大的享受，莫過於來份冰淇淋加甜筒的搭配，香香脆脆咬起來卡滋卡滋響的甜筒，搭配著各種風味、各種顏色的 Gelato & Sorbet，簡直是一大樂事！坐著吃，邊走邊吃，都是讓人細細回味，兒時記憶的滋味啊。

1   先將全蛋混合蔗糖攪拌均勻，使蛋液呈乳黃色。
2   再慢慢加入融化奶油，混合均勻。
3   接著加入鹽、香草精，一起拌勻。
4   將麵粉放進鋼盆，沖入熱水，攪拌成團時，之後再慢慢把蛋液加入，混合均勻。
5   使用甜筒機，150℃，烤約 3 分鐘。取出後趁熱捲成甜筒狀，放涼備用。

→   POINT
餅乾甜筒要在餅皮還熱熱的時候才可以定型，所以一定要戴上手套再來操作。
冷了之後就會變得很酥脆。

	g			g
全蛋	50		鹽	1
蔗糖	125		熱水	125
融化奶油	60		T55 麵粉	125
香草精	10			
			Total	496

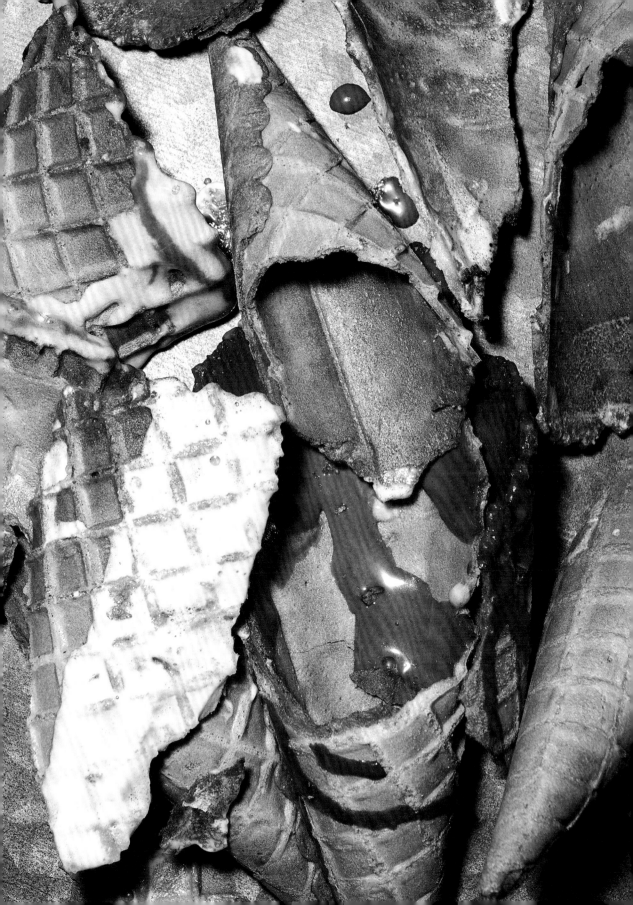

烈日鬆餅
Gaufre de Liege

→ Gaufre
de Liege

這裡使用麵團的方式製作鬆餅，口感更偏向於麵包，因為有大量奶油，所以香氣撲人。此外，加入了不易融化、熔點較高的珍珠糖，沒有化開來的糖粒便為鬆餅帶來酥脆口感，而融化的糖，冷卻之後則會在表面形成薄薄的一層糖衣，增添層次和香脆，這也是現烤鬆餅特別誘人之處。可搭配各種吃法，巧克力醬、焦糖醬、奶油、新鮮水果或冰淇淋，千變萬化。

1　將麵粉、肉桂粉、酵母加入攪拌缸，開慢速，再將蛋、全脂牛奶、蜂蜜、香草精、鹽混合均勻，之後慢慢倒入攪拌缸，成團後，分次加入切塊的發酵奶油。
2　攪拌至麵團產生筋性，麵團狀態像是長了尾巴，麵團拉開有薄膜，最終麵團溫度約 28℃。
3　將麵團移至鋼盆中，發酵，室溫放置 1 小時。
4　分割 50g 麵團一個，加入 8g 珍珠糖，滾圓，後發酵 20 分鐘。
5　鬆餅機開 180℃，烤約 4 分鐘。

	g		g
麵粉	250	全脂牛奶	90
酵母	10	蜂蜜	20
肉桂粉	1	香草精	5
全蛋	50	鹽	2
		發酵奶油（切塊）	140
		Total	568

冰淇淋風味學 Gelato & Sorbet

作者	陳謙璿 Willson Chen
校對協力	陳沁翎、李享紘、曾韻如、朱婉瑜
	許家馨、黃傳凱、黃安國、陳乃毅
	黃正儀、劉維岡、林妡穎、陳茵聖、陳明橋
特約攝影	干智安
美術設計	BY ASSOCIATES 果多設計
社長	張淑貞
總編輯	許貝羚
行銷企劃	洪雅珊
發行人	何飛鵬
事業群總經理	李淑霞
出版	城邦文化事業股份有限公司
	麥浩斯出版
地址	104 台北市民生東路二段 141 號 8 樓
電話	02-2500-7578
傳真	02-2500-1915
購書專線	0800-020-299
發行	英屬蓋曼群島商家庭傳媒股份
	有限公司城邦分公司
地址	104 台北市民生東路二段 141 號 2 樓
電話	02-2500-0888
讀者服務電話	0800-020-299
	9:30AM~12:00PM；01:30PM~05:00PM
讀者服務傳真	02-2517-0999
讀者服務信箱	csc@cite.com.tw
劃撥帳號	19833516
戶名	英屬蓋曼群島商家庭傳媒股份
	有限公司城邦分公司
香港發行	城邦〈香港〉出版集團有限公司
地址	香港灣仔駱克道 193 號東超商業中心 1 樓
電話	852-2508-6231
傳真	852-2578-9337
Email	hkcite@biznetvigator.com
馬新發行	城邦〈馬新〉出版集團
	Cite（M）Sdn Bhd
地址	41, JALAN RADIN ANUM, BANDAR BARU SRI
	Petaling,57000 Kuala Lumpur, Malaysia.
電話	603-9057-8822
傳真	603-9057-6622
製版印刷	凱林印刷事業股份有限公司
總經銷	聯合發行股份有限公司
地址	新北市新店區寶橋路 235 巷 6 弄 6 號 2 樓
電話	02-2917-8022
傳真	02-2915-6275
版次	初版 6 刷 2023 年 11 月
定價	新台幣 980 元 / 港幣 327 元

國家圖書館出版品預行編目（CIP）資料

冰淇淋風味學 Gelato & Sorbet / 陳謙璿著 . --
初版 . -- 臺北市：城邦文化事業股份有限公司
麥浩斯出版：英屬蓋曼群島商家庭傳媒股份有
限公司城邦分公司發行 , 2022.03
　面；　公分
ISBN 978-986-408-788-4(精裝)

1.CST: 冰淇淋 2.CST: 點心食譜

427.46　111001370